中小学建筑
设 计 导 则

GUIDELINES FOR ARCHITECTURAL DESIGN
OF PRIMARY AND SECONDARY SCHOOLS

 中交第四航务工程勘察设计院有限公司
中交城市投资控股有限公司 编

天津大学出版社
TIANJIN UNIVERSITY PRESS

图书在版编目（CIP）数据

中小学建筑设计导则 / 中交第四航务工程勘察设计
院有限公司，中交城市投资控股有限公司编. －－ 天津 ：
天津大学出版社，2022.12
ISBN 978-7-5618-7350-2

Ⅰ．①中… Ⅱ．①中… ②中… Ⅲ．①中小学－教育
建筑－建筑设计 Ⅳ．①TU244.2

中国版本图书馆CIP数据核字(2022)第222911号

ZHONGXIAOXUE JIANZHU SHEJI DAOZE

策划编辑	李　源
责任编辑	郝永丽
封面设计	逸　凡
版式设计	郭　阳

出版发行	天津大学出版社
地　　址	天津市卫津路92号天津大学内（邮编：300072）
电　　话	发行部：022－27403647
网　　址	www.tjupress.com.cn
印　　刷	北京盛通印刷股份有限公司
经　　销	全国各地新华书店
开　　本	880mm×1230mm 1/16
印　　张	11.25
字　　数	397千
版　　次	2022年12月第1版
印　　次	2022年12月第1次
定　　价	158.00元

《中小学建筑设计导则》编委会

序一

　　"百年大计，教育为本"，教育是民族振兴、社会进步的重要基石。随着我国社会、经济的快速发展，人民生活水平的不断提高，我国将面临大量中小学校校舍需要建设和改造的局面，校园建设已成为社会关注的重要民生工程。与此同时，伴随着新技术与新观念的出现，我国的中小学教育也在不断探索革新。教育在变革，校园建设也要随之作出相应的改变，以适应新的教育理念、新的教学方式、新的教育技术。

　　但是，从我国目前中小学校建设的实际情况看，校园建设仍然存在诸多问题。首先，我国中小学校建筑设计的标准普遍偏低、规范落后，标准和规范没有及时更新或提升以适应新的发展变化，导致很多中小学校校舍功能单一、校园环境简陋，只能满足最基本的使用需求。其次，我国中小学校大多由政府出资建设，管理模式通常采用代建制，在项目设计和建造阶段，学校使用方往往缺位。在快速开发的建设过程中，代建单位更多关注的是工期和造价，学校使用方的诉求得不到重视。学校建设应以学校使用者为中心，参建各方应从项目伊始就建立起充分交流和沟通的机制，形成从规划设计到建设运营全过程的无缝衔接。最后，政府出资的中小学校建设项目实行限额设计，目的在于防止出现"超投资、超规模、超标准"的现象，但这同时也限制了学校个性化的需求和设计创新，使本该多元化、个性化发展的校园建设，逐渐变成千篇一律的标准化设计，校园空间环境单调无趣。

针对上述现状，中交四航院结合近年来的中小学建筑设计实践，组织有丰富学校设计和管理经验的专业人员编写《中小学建筑设计导则》，以期让参与学校规划设计和管理决策的各方人员能够准确把握教育发展的脉搏，了解新时代学校设计的崭新理念和手法，有效推动当前我国中小学校建设工作健康发展。

　　《中小学建筑设计导则》从新时代中小学校建设的发展趋势出发，结合先进的教育与设计理念，通过大量实证案例，提供建设人文校园的设计思路与策略，并结合新时代中小学校软硬件设施建设等要求制定相关的精细化设计技术指引及不同设计阶段的管控要点文件。相信这本内容丰富、图文并茂的《中小学建筑设计导则》将对促进中小学校建设产生积极的影响。

中交第四航务工程勘察设计院有限公司董事长：

2022 年 7 月

序二

当今世界正经历着百年未有之大变局，不稳定性与不确定性明显增强，社会、经济、政治，包括教育都将发生巨大的变化。未来教育走向何方？未来的校园会变成什么模样？未来学校如何建设？关于未来教育的种种，成为教育界、设计界广泛讨论的话题。这些问题没有标准答案，可以说，国内教育与教育建筑设计领域都处在充满未知的阶段，但同时也处在充满无限潜力与能量的时期。

新时代中小学教育建筑的设计者，应保有高度敏锐的嗅觉，紧跟社会、教育、文化、科技的发展潮流，对教育与教育建筑及其相互间的联系予以更多的思考和探索，并勇于通过多样化校园设计的手段，为教育改革提供现实和实践的多元途径，这也是编写《中小学建筑设计导则》的初衷。同时，我们期待通过文化、教育、设计、建造、管理等各领域的参与和合作，可以更坚定地保持以人为本的设计理念，创造出学习空间更加丰富多元、因地制宜、与时俱进的校园。

回顾学校的发展历史，"为了儿童的成长"是学校发展的基本脉络，也是未来学校发展的灵魂。因此，在《中小学建筑设计导则》的编写过程中，编写人员始终坚持以人为本的理念，坚持将如何构建"人文校园"作为本书编写的出发点。《中小学建筑设计导则》从多样性、舒适性、安全性三个维度，提出活力、舒适、绿色、智慧的"人文校园"理念及相应的设计策略。

一个好的校园设计需要对校园的"硬件"——物质环境作出整体的综合研究，同时对校园的"软件"——社会、文化、科技、人的行为活动作出如实调查和判断。为此，编写人员作了大量调查研究，组织建筑和教育界专家、学校建设的有关部门参与导则的审查，反映出良好的专业素质和修养，以及严谨的治学态度。本书在编写过程中得到有关领导、专家、出版社以及提供项目案例素材的设计单位的大力支持、帮助与指导，在此表示衷心的感谢！由于编者的水平和认识的局限，书中存在错误在所难免，望广大读者及建筑、教育领域的专家在阅读过程中提出宝贵意见和建议，以便今后不断修订和完善。

中交第四航务工程勘察设计院有限公司总经理：

2022 年 7 月

2

人文校园
Humanistic Campus

1

概述
Summary

目录 • CONTENTS

3

精细设计
Precise Design

4

优质管理
Quality Management

Humanization and Precise Design in School

1

概述

Summary

1.1 编制目的

随着跨入新时代，推进教育领域综合改革、发展素质教育、提升中小学校园空间环境的品质等工作已成为社会关注的重要基础工程。为提升中小学校园建设项目质量，本导则将围绕"人文校园、精细设计、优质管理"三个方面的优化提升进行讲述，以便更好地传导人文校园建设及高效、科学管理项目的理念。

人文校园
Humanistic Campus

基于新时代中小学校园建设的发展趋势与创新设计理念，打造更安全舒适、更具人文关怀的校园环境。

精细设计
Precise Design

精细设计为校园主要教学空间的建设提供具体指引，统一相关技术设计和工艺工法设计，有效提高项目质量。

优质管理
Quality Management

在中小学校园建设项目的设计全周期里，关注各个阶段的设计重难点，强化项目的质量管理。

人文校园
Humanistic Campus

精细设计
Precise Design

优质管理
Quality Management

1.2 编制依据

本导则编制依据国家及地方颁布的现行法规、规范与技术标准，以及实际建设工程设计与施工中相关的经验及教训。

◆ **参考文件目录**
Directory of Reference Documents

[1] GB 50099—2011 中小学校设计规范.

[2] 城市普通中小学校校舍建设标准 建标〔2002〕102 号.

[3] JGJ/T 280—2012 中小学校体育设施技术规程.

[4] GB 50352—2019 民用建筑设计统一标准.

[5] GB 50763—2012 无障碍设计规范.

[6] 广东省义务教育标准化学校标准 粤教基〔2013〕17 号.

[7] 深圳市城市规划标准与准则 2021.

[8] 深圳市四所高级中学建设标准（附则）2020.

[9] 海南省义务教育学校办学基本标准（试行）2011.

[10] 湖南省义务教育学校办学标准 2016.

[11] 江西省普通小学基本办学条件标准（试行）2011.

[12] 江西省普通初级中学基本办学条件标准（试行）2011.

[13] 江西省普通高级中学基本办学条件标准（试行）2011.

[14] 浙江省义务教育标准化学校基准标准 2011.

[15] 江苏省义务教育学校办学标准（试行）2015.

[16] 河北省义务教育学校办学基本标准（试行）2011.

[17] 建筑设计资料集 4（第 3 版），2017.

[18] 建筑师技术手册，2017.

◆ **参考项目目录**
Directory of Reference Projects

[1] 新沙小学，深圳. 设计单位：一十一建筑设计（深圳）有限公司 / 摄影团队：张超，ACF.

[2] 红岭实验小学，深圳. 设计单位：源计划建筑师事务所.

[3] 福田区新洲小学，深圳. 建筑方案设计单位：东意建筑 / 施工图设计单位：深圳市天华建筑设计有限公司，GND 杰地景观设计，深圳界内界外设计有限公司.

[4] 福田区梅香学校，深圳. 设计单位：申都设计集团有限公司深圳分公司 / 摄影师：金伟琦.

[5] 深圳大学附属实验中学，深圳. 资料来源：深圳市建筑工务署.

[6] 龙华区教育科学研究院附属实验学校，深圳. 设计单位：华阳国际设计集团.

[7] 海岸小学，深圳. 设计单位：深圳市建筑设计研究总院 - 城市建筑与环境设计研究院.

[8] 蛇口学校广场景观设计项目，深圳. 设计单位：自组空间设计.

[9]　佛山梅沙双语学校景观设计项目，佛山．建筑方案设计单位：深圳市欧博工程设计顾问有限公司／景观设计单位：
　　　GND 木地景观设计．

[10]　博罗中学中洲实验学校，惠州．设计单位：深圳华汇设计有限公司．

[11]　黄城根小学昌平校区，北京．设计单位：北京和立实践建筑设计咨询有限公司．

[12]　景山学校图书馆改造项目，北京．设计单位：回回建筑（回因建筑设计咨询（北京）有限公司）．

[13]　高安路第一小学华展校区，上海．设计单位：山水秀建筑事务所．

[14]　上海青浦协和双语学校，上海．设计单位：上海实现建筑设计事务所．

[15]　同济大学附属实验小学，上海．设计单位：刘宇扬建筑事务所．

[16]　上海市实验学校树桌花园景观改造项目，上海．设计单位：上海大观景观设计有限公司．

[17]　杭州市奥体实验小学及幼儿园，杭州．设计单位：浙江大学建筑设计研究院（主创建筑师：范须壮，朱恺，林肯）
　　　／摄影师：赵强，章鱼见筑．

[18]　杭州未来科技城海曙学校，杭州．设计单位：零壹城市建筑事务所．

[19]　义乌新世纪外国语学校，义乌．设计单位：零壹城市建筑事务所．

[20]　道尔顿小学，温州．设计单位：FAX 建筑事务所．

[21]　麓湖哈密尔顿小学及幼儿园，成都．建筑方案设计单位：非寻建筑／景观设计单位：WTD 纬图设计／摄影单位：
　　　存在建筑摄影，河狸景观摄影．

[22]　康礼 · 克雷格公学，长沙．设计单位：山东建筑大学建筑城规学院象外营造工作室．

1.3 校园设计理念

人本化设计概念： 在设计过程中，根据使用者的行为习惯、生理结构、心理特征、思维方式等，在原有设计的基础上进行优化，让使用者有更好的体验感受，展现设计中的人文关怀。

思维方式
MODE OF THINKING

行为习惯
BEHAVIOR HABIT

人文关怀
HUMANISTIC CONCERN

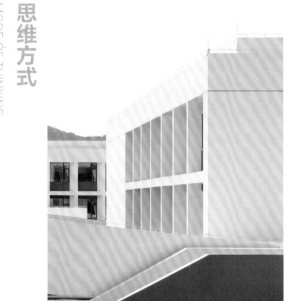

生理结构
PHYSIOLOGICAL STRUCTURE

心理特征
PSYCHOLOGICAL FEATURE

02

中小学生的普遍性特点： 从心理与行为特征分析，他们具有好新、好动、好学三个普遍性特点。他们对新鲜事物会比较敏感；喜欢探索，活泼好动；求知欲强。

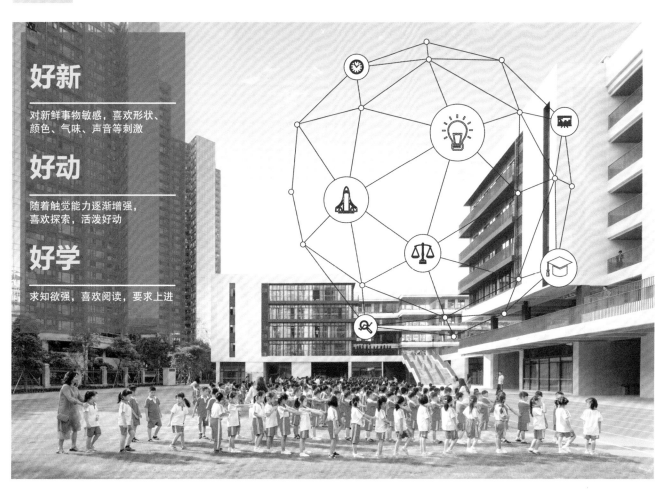

好新

对新鲜事物敏感，喜欢形状、
颜色、气味、声音等刺激

好动

随着触觉能力逐渐增强，
喜欢探索，活泼好动

好学

求知欲强，喜欢阅读，要求上进

◆ **新时代下
中小学生的特点**
Characteristics of Primary
and Secondary Schools'
Students in the New Era

开放精神更强

交往对象多样化
社交空间有较大的拓展

主体意识更强

应摒弃千篇一律的教育模式

活动积极性更强

合理科学安排时间
积极参加丰富的课外活动

03 **教育模式的发展趋势：**为全面推动素质教育，促进学生德智体美劳综合发展，教育模式正向多样化、现代化、人性化等方向发展和转变。

单一化向多样化的教学模式发展
Development of Teaching Mode from Simplification to Diversification

单向的灌输式教育模式因忽略学生的个性及差异性，导致教学效果不理想。随着教育改革的推进，衍生出如情境式教学、自学辅导教学、协同教学、互动教学等多样化的新教育模式。

"教"为主向"学"为主的模式发展
Development of the Mode from "Teaching" to "Learning"

提出"以教师为主导，学生为主体"的教学并重的教学观，发展学生的智力，培养学生的自主创新能力和动手能力。

教学模式的日益现代化
The Increasing Modernization of Teaching Mode

教学模式的改革越来越重视引进现代科学技术的新理论、新成果。信息技术与学科课程的整合，带动课程体系、教育内容和教学方法等的全面改革，推动素质教育的发展进程。

教学模式的人性化
Humanization of Teaching Mode

从心理机制角度科学地设计和叙述教学模式，力求课程的生活化、人性化、乐趣化，内容应重视学生个体需求，结合实际生活的需要，提倡人文的陶冶。

1.4 校园设计策略

人文校园的设计策略： 结合多样性、舒适性、安全性三个维度，从校园的空间场所、环境及管理系统等方面打造人文校园。

在教育模式改革的新趋势下，如何创建人文校园

关注人文校园设计的三个维度

Under the New Trend of Educational Model Reform, How to Create a Humanistic Campus
Pay Attention to Three Dimensions of Humanistic Campus Design

多样性　Diversity

舒适性　Comfort

安全性　Security

创建宜学的空间场所

Create a Suitable Study Space

丰富校园各学科的专用教室、多功能教室的建设，关注公共空间的细节设计，营造可供学生随时学习、互动交流的场所。

结合信息技术，创建智慧校园

Create a Smart Campus with Information Technology

运用高科技的智慧产品，如综合信息服务平台、智慧班牌、教室电子白板、智能校门及门禁等，实现互联和协作、远程互动教学等功能，并为学生提供个性化定制服务。

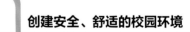

创建安全、舒适的校园环境

Create Safe and Comfortable Campus Environment

从安全性、舒适性的角度关注细节设计，创建一个安全、有温度的校园，从而提升学生对校园的归属感和认同感。

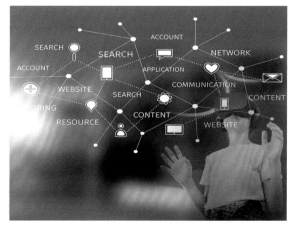

活力校园　DYNAMIC CAMPUS

舒适校园　COMFORTABLE CAMPUS

绿色校园　GREEN CAMPUS

智慧校园　SMART CAMPUS

活力校园
DYNAMIC CAMPUS

设计策略
Design Strategy

根据中小学生的特点，在进行校园设计时应从时间、空间、情感、互动四个要素着力创造更多学生们在校园活动的场所。

屋顶花园
Roof Garden

主题乐园广场
Theme Park Plaza

活力校园
DYNAMIC CAMPUS

活动平台
Activity Platform

年级客厅
Grade Living Room

舒适校园
COMFORTABLE CAMPUS

设计策略
Design Strategy

通过丰富学校的使用功能、关注空间场所的尺度及细部设计、配置完善的教学设施，增强校园的舒适性。

设计策略
Design Strategy

提倡"生态、低碳"的可持续发展概念，通过降低建筑供暖、供冷需求，提高能源设备与系统效率。利用可再生能源，优化能源系统运行，以最少的能源消耗提供拥有舒适室内环境的建筑，最终实现碳中和的目标。

绿色校园
GREEN CAMPUS

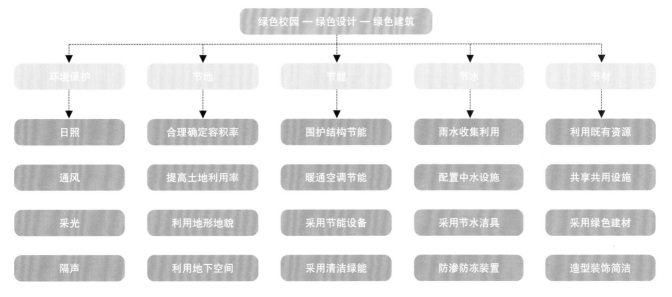

绿色校园 — 绿色设计 — 绿色建筑

环境保护	节地	节能	节水	节材
日照	合理确定容积率	围护结构节能	雨水收集利用	利用既有资源
通风	提高土地利用率	暖通空调节能	配置中水设施	共享共用设施
采光	利用地形地貌	采用节能设备	采用节水洁具	采用绿色建材
隔声	利用地下空间	采用清洁绿能	防渗防冻装置	造型装饰简洁

设计策略
Design Strategy

智能化建设是现代化校园建设中不可缺少的部分，科学、高效的智能化系统可以为学生们提供更舒适、更安全、更便捷的学习环境。

智慧校园
SMART CAMPUS

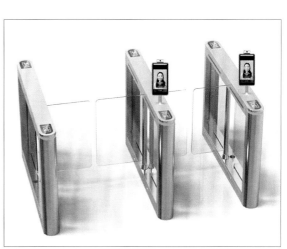

Humanization and Precise Design in School

2

CHAPTER II

人文

Humanistic Campus

校园

2.1 选址及建设标准

2.1.1 校址选择

中小幼校园宜分散布置,降低引起区域交通拥堵的风险。合理与科学的校址选择,可在后期投入使用后,保障周边居民正常生活、城市交通正常运行。

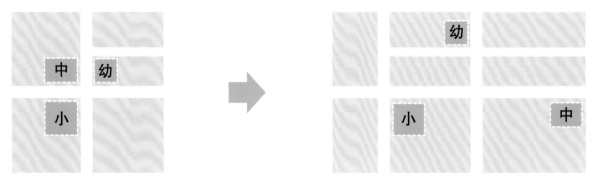

■ 集中布置存在引起区域
   交通拥堵的风险

■ 分散布置利于快速疏导
   学校周边交通

学校选址应符合城市总体规划及教育设施专项规划,合理设置并调整学校布点。城镇完全小学的服务半径宜为500m,城镇初级中学的服务半径宜为1000m。

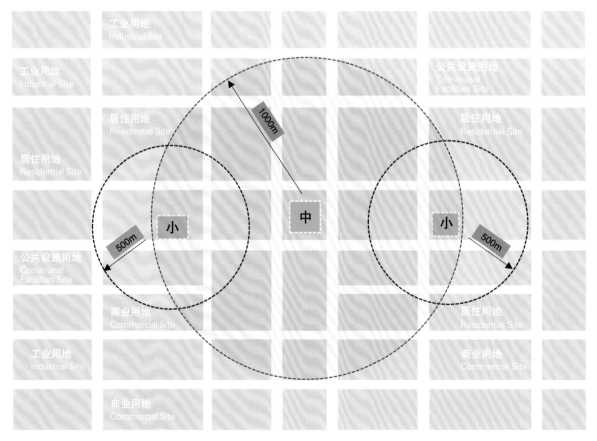

03　严禁将中小学校建设在地震、地质塌裂、暗河、洪涝等自然灾害及人为风险高的地段和污染超标的地段。

■ 地质灾害　　　　　■ 水库下游　　　　　■ 交通繁忙地段　　　　　■ 高压走廊

04　中小学校建设应远离殡仪馆、医院的太平间、传染病院、存在空气污染源的工厂等建筑，选址应位于污染源的上风向。

◆　**中小学校选址的避让因素**
Avoidance Factors of Location Selection of School

医院病房

太平间

传染病房

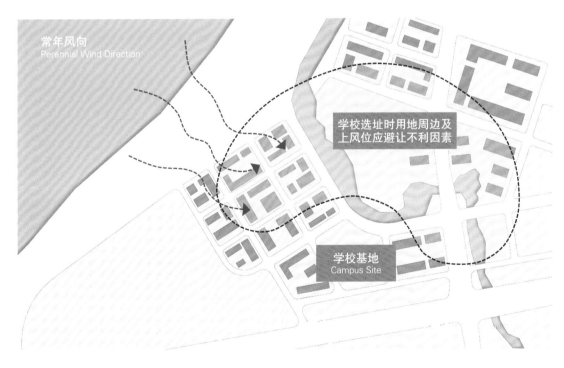

常年风向
Perennial Wind Direction

学校选址时用地周边及
上风位应避让不利因素

学校基地
Campus Site

变电站

精神病院

厨房

公共厕所

工厂污染源

学校教学区应符合声环境质量的相关要求。主要教学用房设置窗户的外墙与铁路路轨的距离不应小于300m，与高速路、地上轨道交通线或城市主干道的距离不应小于80m。当距离不足时，应采取有效的隔声措施。

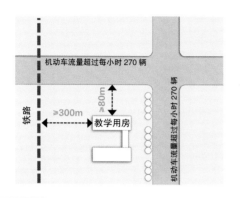

■ **城市主干道**

■ **铁路路轨**

校园场地应与公共交通站点联系便捷。场地出入口到达公共交通站点的步行距离不宜超过300m，或到达轨道交通站的步行距离不宜超过500m。

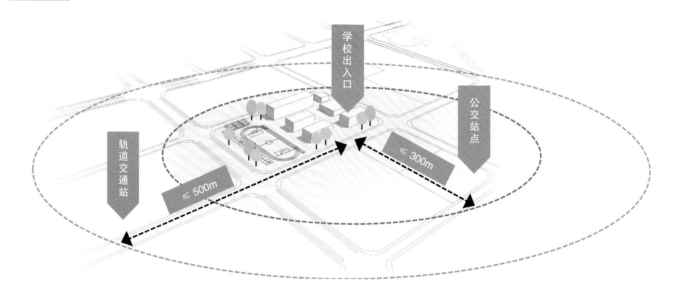

在条件允许的情况下，学校用地应尽量选择边界完整且使用方便的地块，不宜选择形状狭长、使用不便的地块。

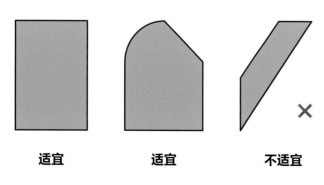

适宜   **适宜**   **不适宜**

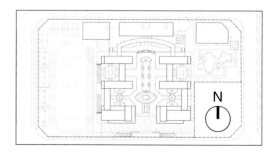

注：考虑南北朝向布置200~400m的环形跑道，因此
场地的南北向长度不宜小于150~180m。

2.1.2 建设标准

根据《城市普通中小学校校舍建设标准》（建标〔2002〕102 号 ）相关数据，估算得出中小学校生均用地面积为 9~13m²，生均建筑面积为 7.2~11.4m²。但随着教学内容的日益丰富，各省市的学校建设规模也相应扩大。

◆ **中小学办学标准参考**
Reference for School Running Standards of Primary and Secondary Schools

地区 / 城市	学校类型	生均用地面积	生均建筑面积（不含宿舍）
广东省	小学	≥ 18.0m²	≥ 7.0m²
	（市中心城区小学）	（≥ 9.4m²）	—
	初中	≥ 23.0m²	≥ 9.0m²
	（市中心城区初中）	（≥ 10.1m²）	—
	注：学生宿舍小学生均建筑面积≥ 5.0m²，初中生均建筑面积≥ 5.5m²		
湖南省	小学	14.68~22.0m²	5.2~7.4m²
	初中	16.44~19.20m²	6.4~7.9m²
	九年一贯制	16.11~19.24m²	5.5~6.5m²
	注：生均宿舍建筑面积≥ 3.0m²，生均食堂建筑面积≥ 1.5m²		
江西省	普通小学	20~34m²	5.56~7.85m²
	寄宿制小学	32~39m²	—
	普通初中	25~30m²	6.35~10.04m²
	寄宿制初中	34~39m²	—
	普通高中	25~30m²	14.73~16.50m²
	寄宿制高中	34~39m²	—
	注：学生宿舍的居室人均使用面积≥ 3.0m²		
海南省	小学	城区≥ 10.0m²，其他≥ 14.0m²	≥ 5.66m²
	初中	城区≥ 16.0m²，其他≥ 24.0m²	≥ 6.66m²
	注：生均宿舍建筑面积≥ 5.0m²		
浙江省	小学	13.54~16.05m²	4.71~7.09m²
	初中	16.71~19.37m²	6.73~7.62m²
	九年一贯制	15.29~18.63m²	5.52~8.74m²
	注：生均宿舍建筑面积≥ 5.0m²		
江苏省	小学	城区≥ 18.0m²，其他≥ 23.0m²	≥ 8.0m²
	初中	城区≥ 23.0m²，其他≥ 28.0m²	≥ 9.0m²
河北省	小学	城区≥ 15.0m²，其他≥ 20.0m²	5.2~7.0m²
	初中	城区≥ 20.0m²，其他≥ 25.0m²	6.4~10.0m²
	注：学生宿舍小学生均建筑面积≥ 5.0m²，初中生均建筑面积≥ 5.5m²；生均食堂建筑面积≥ 2.0m²		

中小学校的用地面积： 由于学校专用教室及公用教学用房等功能用房的丰富与完善，各种教学用房的面积相应增加，因此与之相匹配的用地标准也有所提高。

◆ **学校规模与用地面积指标**
School Scale and Land Area Index

类别	学校规模	一般值	建议值
完全小学	12 班	≥ 6800m²	7600~9720m²
	18 班	≥ 8400m²	9720~14580m²
	24 班	≥ 10600m²	12960~19440m²
	30 班	≥ 12200m²	16200~24300m²
	36 班	≥ 14600m²	19440~29160m²
完全中学	18 班	≥ 11400m²	14400~20700m²
	24 班	≥ 14700m²	19200~27600m²
	30 班	≥ 16900m²	24000~34500m²
	36 班	≥ 20300m²	28800~41400m²
初级中学	18 班	≥ 11400m²	14400~20700m²
	24 班	≥ 14700m²	19200~27600m²
	36 班	≥ 20300m²	28800~41400m²
	48 班	≥ 27000m²	38400~55200m²
高级中学	18 班	≥ 11700m²	14400~20700m²
	24 班	≥ 15000m²	19200~27600m²
	30 班	≥ 17300m²	24000~34500m²
	36 班	≥ 19900m²	28800~41400m²
九年制学校	27 班	≥ 12400m²	20160~28980m²
	36 班	≥ 16700m²	26880~38640m²
	45 班	≥ 20300m²	33600~48300m²
	54 班	≥ 24600m²	40320~57960m²

注：

1. 表中关于中小学校的用地面积"一般值"的数据参考《城市普通中小学校校舍建设标准》（建标〔2002〕102 号）中校舍用地面积的规划指标要求，按容积率为 0.8 进行计算所得；"建议值"参考《广东省义务教育标准化学校标准》（粤教基〔2013〕17 号）及《深圳市城市规划标准与准则》（2021）相关数据，小学生均用地面积取 12~18m²，初中等其他生均用地面积取 16~23m²；

2. "一般值"数据适用于普通型学校的建设规模参考，"建议值"数据适用于提升型学校的建设规模参考；

3. 表中相关数据均不含学生宿舍用地面积，若项目有建设学生宿舍的要求，则需根据规范要求另行增加面积指标。

中小学校的建筑面积： 伴随科技发展和教育改革的不断深入，以及教育重视程度的日益提高，学校增加了专用教室、公用教学用房的种类与设置数量，因此各种教学用房的面积也相应有所增加。

◆ **学校规模与建筑面积指标**
School Scale and Floor Area Index

类别	学校规模	一般值	建议值
完全小学	12 班	≥ 5400m²	5940m²
	18 班	≥ 6800m²	7290~8910m²
	24 班	≥ 8500m²	8640~11880m²
	30 班	≥ 9700m²	10800~14850m²
	36 班	≥ 11700m²	12960~17820m²
完全中学	18 班	≥ 9200m²	9900m²
	24 班	≥ 11800m²	12000~13200m²
	30 班	≥ 13700m²	15000~16500m²
	36 班	≥ 15800m²	18000~19800m²
初级中学	18 班	≥ 9100m²	9900m²
	24 班	≥ 11800m²	12000~13200m²
	36 班	≥ 16200m²	18000~19800m²
	48 班	≥ 21600m²	24000~26400m²
高级中学	18 班	≥ 9300m²	9900m²
	24 班	≥ 12000m²	12000~13200m²
	30 班	≥ 13800m²	15000~16500m²
	36 班	≥ 16000m²	18000~19800m²
九年制学校	27 班	≥ 9900m²	11340~13860m²
	36 班	≥ 13400m²	15120~18480m²
	45 班	≥ 16200m²	18900~23100m²
	54 班	≥ 19700m²	22680~27720m²

注：

1. 表中关于中小学校的建筑面积"一般值"的数据参考《城市普通中小学校校舍建设标准》（建标〔2002〕102 号）中校舍建筑面积的规划指标要求；"建议值"参考《广东省义务教育标准化学校标准》（粤教基〔2013〕17 号）及《深圳市城市规划标准与准则》（2021）相关数据，小学生均建筑面积取 8~11m²，初中等其他生均建筑面积取 9~11m²；

2. "一般值"数据适用于普通型学校的建设规模参考，"建议值"数据适用于提升型学校的建设规模参考；

3. 表中相关数据均不含学生宿舍建筑面积，若项目有建设学生宿舍的要求，则需根据规范要求另行增加面积指标。

2.2 总平面设计

2.2.1 建筑布置

01 **功能分区：** 中小学校的建筑及用地应根据不同的功能，合理进行动静分区，形成既联系方便又互不干扰的关系。

教学区
Teaching Area
教学区由教学楼、实验楼、图书室等教学用房组成。

行政办公区
Administrative Office Area
行政办公区由行政办公室、传达室、广播室、卫生室等组成。

体育活动区
Sports Area
体育活动区由体育场、球类场地、体育馆、游泳池等组成。

生活服务区
Living Area
生活服务区由学生宿舍、食堂、厨房、浴室、设备用房等组成。

校园广场区
Campus Square Area
校园广场区由升旗广场、校园广场、集中绿化用地等组成。

◆ **校园空间构成示意**
Schematic Diagram of Campus Space Composition

构成形式	分离模式	叠合模式
核心布局		
围合布局		
串联布局		

◆ 总平面功能布置要求
Function Layout Requirements of General Plan

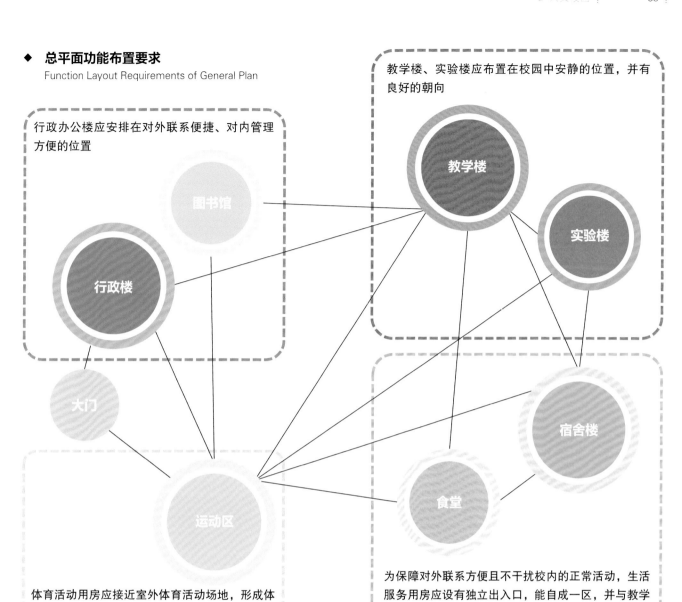

教学楼、实验楼应布置在校园中安静的位置，并有良好的朝向

行政办公楼应安排在对外联系便捷、对内管理方便的位置

图书馆

行政楼

大门

教学楼

实验楼

宿舍楼

食堂

运动区

体育活动用房应接近室外体育活动场地，形成体育活动区

为保障对外联系方便且不干扰校内的正常活动，生活服务用房应设有独立出入口，能自成一区，并与教学用房有一定距离

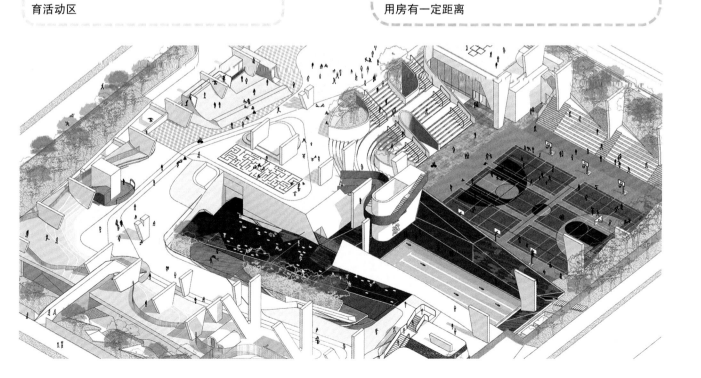

◆ **动静分区模式类型**
Mode Types of Silent and Activity Zone

教学楼与体育场地前后布置，呈并列式或"L"半围合式布局，适用于南北方向长、东西方向短的地段。对于北方严寒或寒冷地区，体育活动场地以布置在无遮挡的南侧为佳。

并列式
（校园动静区相互独立，互不干扰）

 or

"L"半围合式
（校园静区呈"L"形，对动区形成半围合）

 or

教学楼与体育场地左右布置，呈"U"半围合式布局，适用于东西方向宽、南北方向窄的地段。

"U"半围合式
（校园静区呈"U"形，对动区形成半围合）

 or

咬合式
（校园动静分区呈咬合形态，完形场地）

 or

教学楼与体育场地各据一角布置，呈咬合式或多形态式布局。如布置得当，教学楼可免受体育场的干扰。

多形态式
（校园动静分区形态多样）

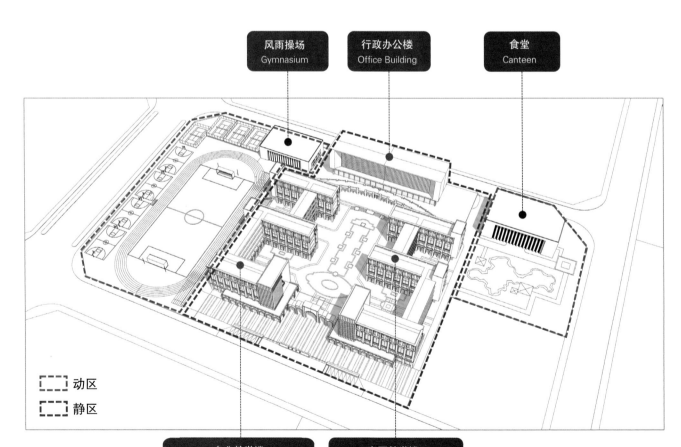

风雨操场
Gymnasium

行政办公楼
Office Building

食堂
Canteen

動区 静区

专业教学楼
Speciality Classroom Building

主要教学楼
Main Teaching Building

02 **建筑形态：** 宜根据学生的活动节奏，创造更丰富的教学与游乐空间，空间形态更灵活有趣。

◆ **建筑平面基本模式**
Basic Modes of Building Plane

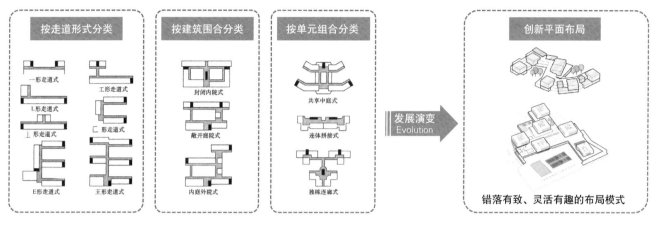

（图片来源：《建筑师技术手册》，张一莉主编）

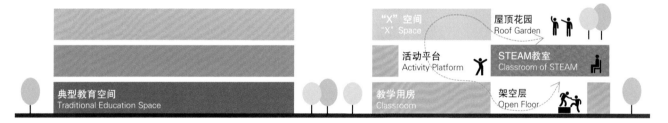

典型教育空间为保证学习效率，
在布局上过于追求高效、规则

理想教育空间应根据学生的心理及行为
特点，创造更多丰富的教学与游乐空间

03 **建筑规模：** 小学的主要教学用房不应设在4层以上，中学的主要教学用房不应设在5层以上，其他功能用房可视情况增设在4层或5层以上，但不宜建高层。

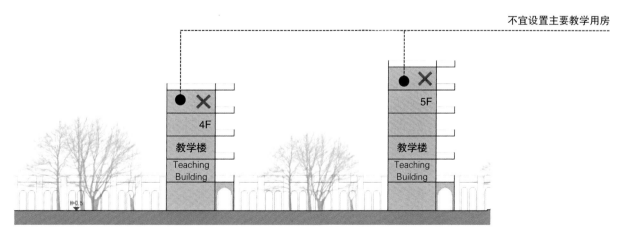

■ 各类小学   ■ 各类中学

04 **合理利用景观资源：** 当项目用地周边有较好的景观资源时，应合理考虑建筑群体的布局与形态，最大化利用景观资源，使空间形成相互渗透的关系，提升校园的空间品质。

错落有致的教学单元，最大化利用景观资源

设置架空层或活动平台，视野通达开阔

05 **竖向设计：** 应遵守绿色设计与可持续发展的原则，充分合理地利用场地原有的地形、地貌，进行科学、经济的竖向设计。当场地有高差时，各种体育项目的场地宜依照自然地形顺势布置在不同的高度上。

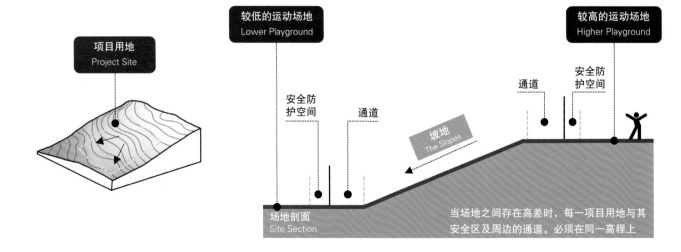

项目用地 Project Site

较低的运动场地 Lower Playground　较高的运动场地 Higher Playground

安全防护空间　通道　坡地 The Slopes　通道　安全防护空间

场地剖面 Site Section　当场地之间存在高差时，每一项目用地与其安全区及周边的通道，必须在同一高程上

06　**建筑间距：**影响学校建筑间距的因素较多，最关键的是要满足日照和防噪的要求，择其最大间距。

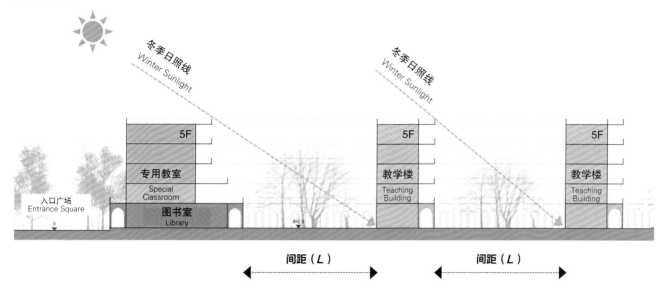

注：
1. 间距（L）应满足日照与防噪间距的要求；
2. 日照间距：普通教室应满足冬至日底层满窗日照 ≥ 2h；
3. 防噪间距：各类教室的外窗与相对教学用房的外窗间的距离应 ≥ 25m。

07　**建筑朝向：**决定学校建筑朝向的因素较多，起主导作用的是日照和通风，选择最优朝向，有效组织校园气流，实现低能耗通风换气。

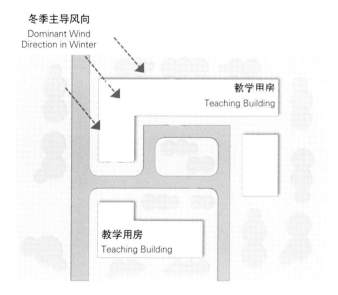

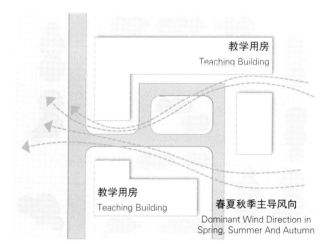

有效阻挡寒风

在受冬季主导风向影响的位置，通过布置配套附属用房、避免设置外走廊、减少立面开窗数量等方式，有效降低能量的损耗。

有效组织气流

通过采用架空层、中空活动平台、通透性强的建筑布局形态等方式，形成南北对流，有效改善校园的微气候环境。

2.2.2 体育场地布置

在设计操场时，要充分考虑到学生的年龄特点及学校的文化色彩与育人理念，将学校的文化理念融入对操场运动元素的使用与选择上，使操场成为校园文化的传播场所。

因此，一个活力值高的操场应适宜开展不同种类的活动，成为集运动健身、社会交流、娱乐休闲、学习交流于一体的校园公共场所。

学习场所
Learning Space

社会交流
Social Communication

运动健身
Sports Fitness

游戏休憩
Play and Rest

用地指标：各种场地的数量按学校规模、体育课时及学生每天在校参加有组织的体育锻炼1h计算。各体育场地间需预留安全分隔设施的安装条件，且安全区宽度应 ≥ 1.0m。

◆ **中小学校主要体育项目的用地指标**
Land Use Index of Main Sports Events in Primary and Secondary Schools

项目	最小场地	最小用地	备注
广播体操	—	小学 2.88m²/ 生	按全校学生总人数计算，可与球场共用
	—	中学 3.88m²/ 生	
60m 跑道	92.00m × 6.88m	632.96m²	4 道
100m 跑道	132.00m × 6.88m	908.16m²	4 道
	132.00m × 9.32m	1230.24m²	6 道
200m 环道	91.00m × 50.20m（60m 直道）	4659.20m²	4 道环形跑道，含 6 道直跑道；环道内侧半径为 18.0m
	132.00m × 50.20m（100m 直道）	6626.40m²	
300m 环道	136.55m × 62.20m	8493.41m²	6 道环形跑道；含 8 道 100m 直跑道
400m 环道	176.00m × 92.08m	16206.08m²	6 道环形跑道；含 8 道、6 道 100m 直跑道
足球（11 人制）	94.00m × 48.00m	4512.00m²	—
篮球	32.00m × 19.00m	608.00m²	—
排球	24.00m × 15.00m	360.00m²	—
跳高	坑 5.10m × 3.00m	706.76m²	最小助跑半径 15.00m
跳远	坑 2.76m × 9.00m	248.76m²	最小助跑长度 40.00m
立定跳远	坑 2.76m × 9.00m	59.03m²	起跳板后 1.20m
铁饼	半径 85.50m 的 40° 扇面	2642.55m²	落地半径 80.00m
铅球	半径 29.40m 的 40° 扇面	360.38m²	落地半径 25.00m
武术、体操	14.00m 宽	320.00m²	包括器械等用地
注：体育用地范围计量界定于各种项目的安全保护区（含投掷类项目的落地区）的外缘			

场地朝向：室外田径场及足球、篮球、排球等各种球类场地的长轴宜南北向布置。长轴南偏西宜小于 10°，南偏东宜小于 20°。

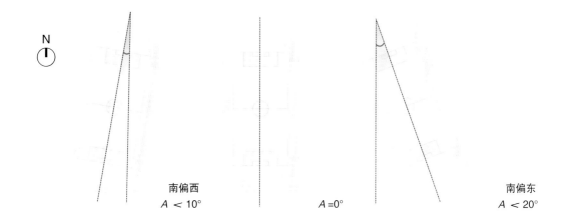

南偏西　　　　　　　　　　南偏东
$A < 10°$　　　$A = 0°$　　　$A < 20°$

03   **多样化布局模式：** 新型的运动广受学生们喜爱，并且能有效增加他们的运动量，同时锻炼他们的思维能力，如增设室外攀岩、滑板场地等。

校园游戏区设计思路
Design Ideas of Campus Game Area

体能训练类游戏区设计
Design of Physical Training Game Area

拓展类游戏区设计
Design of Expansion Game Area

益智类游戏区设计
Design of Puzzle Game Area

(1) 设计目的：通过力量型训练，达到训练学生四肢力量、腰部力量及身体柔韧性等目的，培养学生不断自我挑战的体育精神。

(2) 设计方式：以金属材质为主的组合器械，可布置于操场、架空层或活动平台区域。

金属器械
Metal Instruments

拓展类游戏区设计
Design of Expansion Game Area

(1) 设计目的：强调游戏的娱乐功能和对学生身体协调性的培养，注重趣味性和故事性。

(2) 设计方式：以原木、网绳为主的游戏器械，相对体能训练类游戏区，游戏的危险程度较低，可布置于操场、架空层区域。

网绳
Net Rope

原木游戏
Log Game

益智类游戏区设计
Design of Puzzle Game Area

(1) 设计目的：在游戏中融入智力因素，锻炼学生的创造力和逻辑思维能力，培养学生不断探索以寻找最优路径的解题意识。

(2) 设计方式：结合景观装置、铺地设计的形式打造益智类游戏区，可布置于校园的景观庭院等区域。

04

主要的球场设计：运动场地的尺寸应符合规范及标准要求，场地地面应平整，不要有凸起和坑洼。地面应采用耐磨性强、无毒环保、耐紫外线照射的材料。

篮球场设计要点
Key Points of Basketball Court Design

(1) 标准场地尺寸为 **15m × 28m**，缓冲区一般为边线外 **2m** 内区域。

(2) 室外场地长轴南北向。

(3) 一般篮球场采用硬性丙烯酸地面，满足耐久与使用的要求。

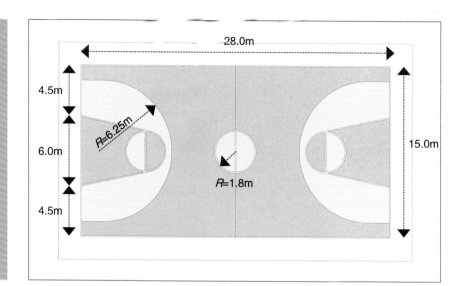

室外篮球场
Outdoor Basketball Court

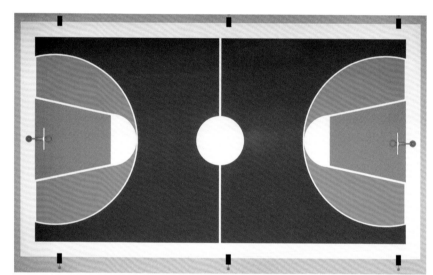

室内篮球场
Indoor Basketball Court

室内篮球场
净高应 ≥ 7m

排球场设计要点
Key Points of Volleyball Court Design

(1) 标准场地尺寸为 **9m×18m**，缓冲区一般为边线外 **3m** 内区域。

(2) 场地上空一般为 **7m**，国际标准中规定 **12.5m** 以内不得有妨碍。

(3) 室外场地长轴南北向。

(4) 球场地面常为塑胶合成材料。

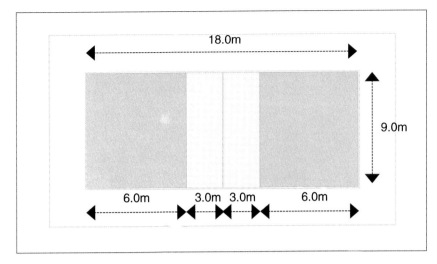

室外排球场
Outdoor Volleyball Court

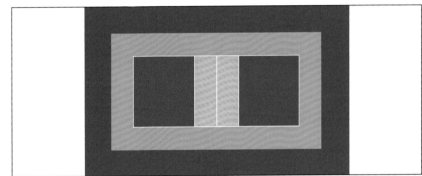

羽毛球场设计要点
Key Points of Badminton Court Design

(1) 标准场地分单打、双打两种。单打场地尺寸为 **13.40m×5.18m**，双打场地尺寸为 **13.40m×6.10m**，缓冲区一般为边线外 **2m** 内区域。

(2) 场地上空一般 **9m** 以内不得有妨碍。

(3) 室外场地长轴南北向。

(4) 球场地面材料可采用混凝土，表面可采用丙烯酸弹性耐候地胶做法。

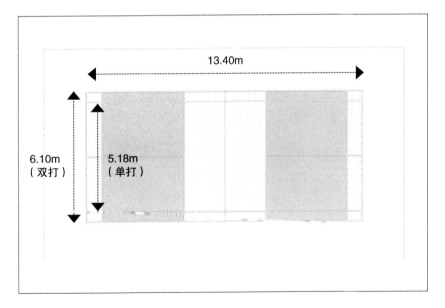

室外羽毛球场
Outdoor Badminton Court

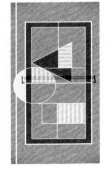
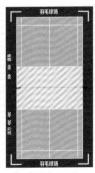
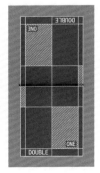

网球场设计要点
Key Points of Tennis Court Design

(1) 标准场地分单打、双打两种，一般采用双打场地。单打场地尺寸为 **23.77m×8.23m**，双打场地尺寸为 23.77m×10.97m，缓冲区一般为前后端线 6.40m 内区域，左右边线外侧一般为宽 3.66m 的空地。

(2) 室外场地长轴基本南北向，偏角宜小于 20°。

(3) 场地上空一般 12m 内不得有妨碍。

(4) 练习场成组设计，每两个场地一组，四周设置围网，球场两端围网高度宜 ≥ 4m，两侧 ≥ 3m，网眼尺寸大小 ≤ 50mm×50mm。

(5) 球场地面常为弹性丙烯酸地面。

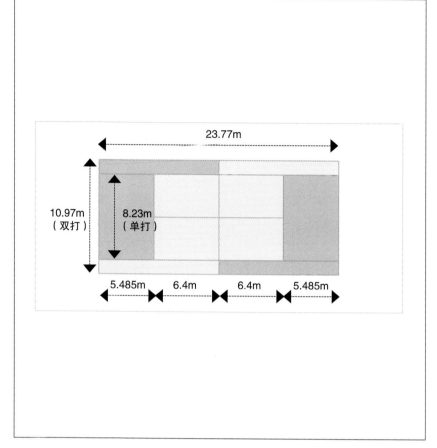

游泳池设计要点
Key Points of Swimming Pool Design

(1) 标准游泳池长 50m、宽 21m，奥运会、世界锦标赛要求宽 25m，另外还有长度只有一半即 25m 的游泳池，称为短池。游泳池的池岸宽一般出发台端不小于 5m，其余池岸宽不小于 3m。

(2) 游泳池宜设 8 条泳道，每道宽为 2.5m，边道另加 0.5m。

(3) 水深要求 1.2~1.5m。可在距水面 1.2cm 深以内的池壁上设休息平台，台面宽 0.1~0.15m。

(4) 泳池水面净空宜为 8~10m。

(5) 游泳馆室内 2.0m 高度以上的墙面应采取吸声减噪措施。

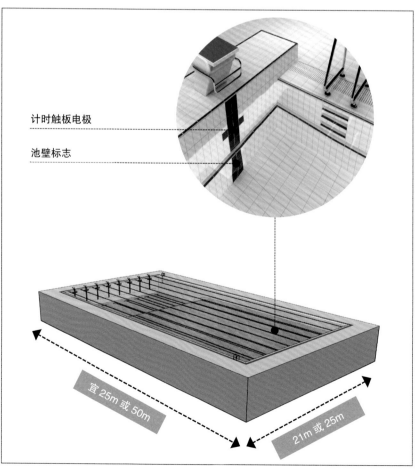

计时触板电极

池壁标志

宜 25m 或 50m

21m 或 25m

游泳池的细节设计
Detailed Design of Swimming Pool

(1) 游泳池设备机房宜尽量靠近游泳池，通常可利用池身周边和池底下部的夹层空间设置机房。机房净高需根据实际项目使用的设备情况合理考虑。机房的隔墙需与游泳池分隔，隔墙与池身之间可用于管道安置或作为检修通道。

(2) 泳池设备机房全套配件一般包括均衡水池（平衡水池）、循环水泵、过滤器、加药装置、换热器、消毒设备、药品库、控制设备等，并宜按工艺流程顺序排列。

(3) 触电板规格一般为2.4m×0.9m×0.01m，在两端池壁水面上30cm处安放，浸入水中60cm。触电板表面色彩鲜明并划有与池壁标志线相同的标志线。

(4) 出发台应居中设在每条泳道的中心线上，台面尺寸为0.5m×0.5m。台面临水面前缘应高出水面0.5~0.7m，台面倾向水面的角度不应超过10°。

(5) 游泳池需在两侧壁安装溢水槽，以排走池水表面的漂浮污物。槽底要有倾斜坡度，使水流到排水口。溢水槽边缘厚度最好在70mm左右。

(6) 攀梯设在游泳池两侧，小直及山池壁，数量按池长决定，一般4~6个，每隔25m可设一座，也可以用台阶代替攀梯。

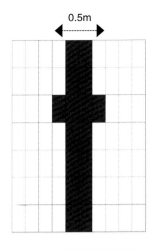

池壁转身区域用防滑面砖

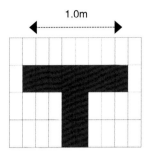

池底泳道标志区域应用

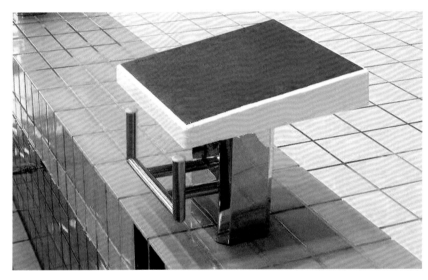

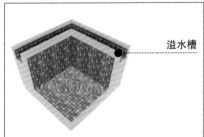

溢水槽

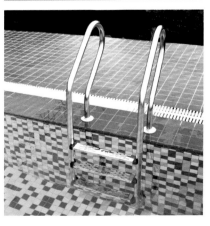

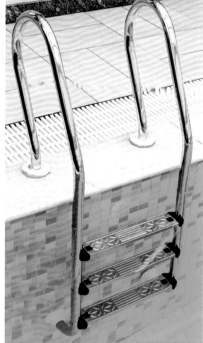

室外网球场
Outdoor Tennis Court

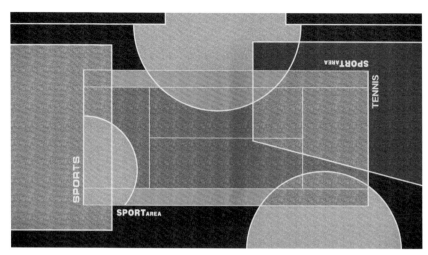

室内游泳池
Indoor Swimming Pool

馆内 2.0m 以上的墙面
应采取吸声减噪措施

水面净空宜为 8~10m

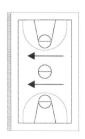

05　**运动场地排水：**场地排水系统设计的优劣会对体育场地的使用年限产生较大的影响。排水坡度应根据场地面层材质及建设条件确定，一般控制在 0.3%~0.8% 的范围。

◆　**篮球场、足球场排水示意图**
Drainage Diagrams of Basketball Court and Football Field

横向单侧排水	横向、纵向双侧排水	横向双侧排水	纵向双侧排水

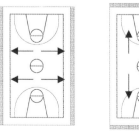

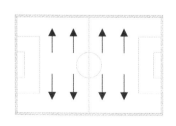

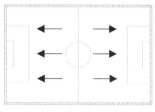

运动场地的美学： 结合运动场地的材料及构造做法，运用高饱和度的颜色和不同形式的线条或几何图形，提高校园运动场地的美学设计。

卫生设施： 当体育场地中心与最近的卫生间距离超过 90m 时，可设置室外厕所。所建室外厕所的服务人数可按学生总人数的 15% 计算，且宜预留防灾避难时扩建的条件。

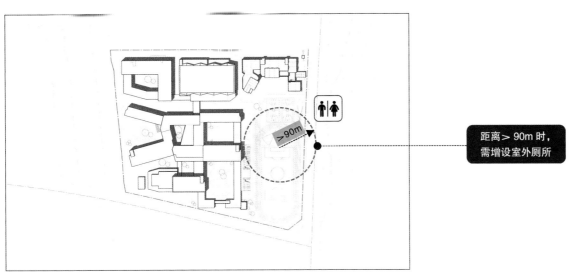

距离 > 90m 时，需增设室外厕所

2.2.3 绿地布置

功能构成及用地指标： 绿化用地由集中绿地、零星绿地、水面和供教学使用的种植园及小动物饲养园组成。绿化用地面积需满足项目的规划条件要求，有条件时宜适当增加绿地面积。

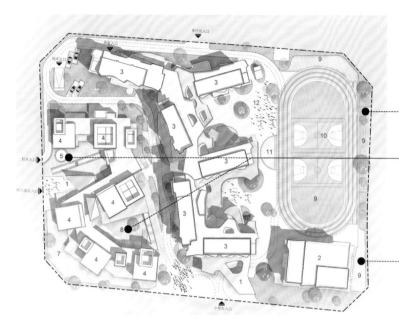

零星绿地

集中绿地
（体育场地不计入绿化用地指标）

种植园、小动物饲养园
（布置于校园的下风向位置）

集中绿地：宜在教学用房楼栋之间设置集中绿地，营造舒适的室外环境。当项目设置集中绿地时，其宽度应 ≥ 8m，且处于标准建筑日照阴影线之外的集中绿地总面积的 1/3。

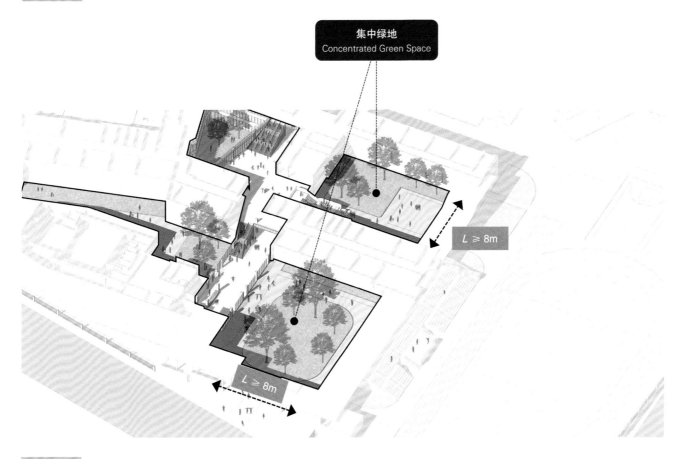

种植覆土厚度：地下建（构）筑物顶部栽植覆土厚度应达到学校项目所在地的规定要求，且乔木种植量达标的用地计入绿化用地指标。

① 种植灌木、小乔木时一般覆土厚度为 0.6~0.9m;
② 种植中高乔木时，一般覆土厚度为 1.2~1.5m

2.2.4 道路及广场布置

01 **校园道路:** 应与校园主要出入口、各建筑出入口、各活动场地出入口衔接,且应满足至少有2个消防车出入口。当有短边长度＞24m的封闭内院式建筑围合时,宜设置进入内院的消防车道(车道的净宽与净高应符合规范要求)。

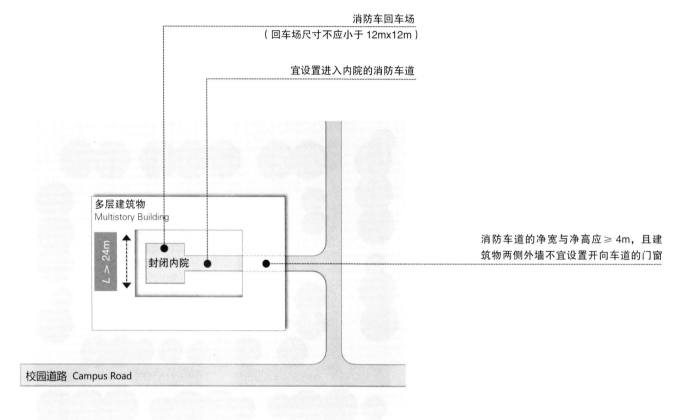

消防车回车场
(回车场尺寸不应小于12mx12m)

宜设置进入内院的消防车道

多层建筑物
Multistory Building

$L > 24m$

封闭内院

消防车道的净宽与净高应≥4m,且建筑物两侧外墙不宜设置开向车道的门窗

校园道路 Campus Road

02 校园内部道路应合理考虑设置消防车道、车行道及人行道,科学组织交通流线,且相关道路的宽度应满足以下要求。

道路类型	具体要求
消防车道	净宽度和净高度均≥4.0m
车行道	单车道宽度≥4.0m,双车道宽度≥7.0m
人行道	宽度按并列通行人数的0.7m/百人计算,且宜≥3.0m

03 校园内停车场出入口、地上或地下停车库出入口，不应直接通向师生人流集中的道路。

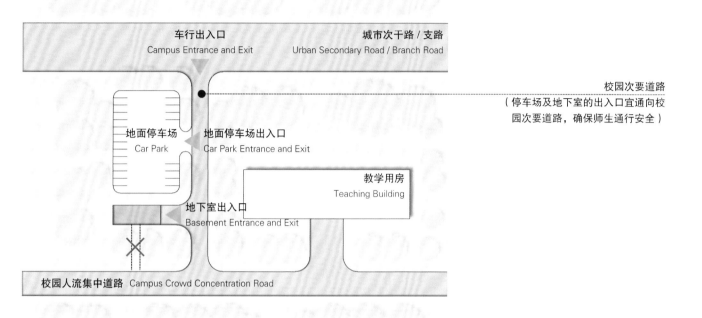

04 因中小学校的学生经常是群体行动，道路有台阶容易发生踩踏事故，所以校园内人流集中的道路不宜设置台阶，宜采用坡道等无障碍设施处理道路高差。若需设置台阶时，不得少于 3 级。

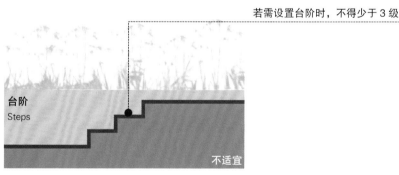

若需设置台阶时，不得少于 3 级

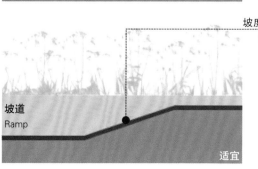

坡度不应大于 1:8，不宜大于 1:12
有条件时坡道的坡度宜为 1:20

05 应在校园显要的位置设置升旗广场，如结合运动场地设置升旗台。

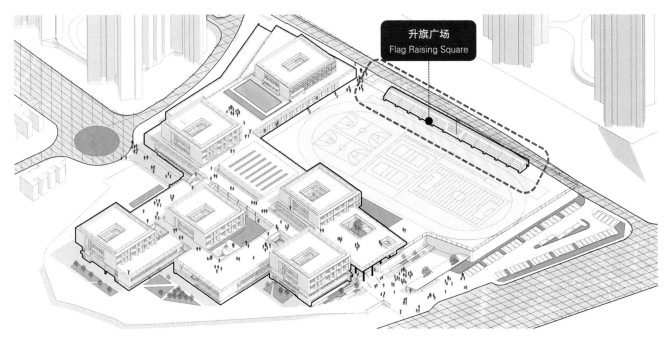

升旗广场
Flag Raising Square

06 **接送广场：** 为使师生人流及自行车流出入安全、顺畅，校门宜向校内退让，构成校园主入口的小广场，起缓冲作用。接送广场的面积大小取决于学校所在地段的交通环境、学校规模等因素，一般取值为 0.5~0.7m²/ 人。

◆ **学校出入口缓冲空间设置类型**
Types of Cushion Space at School Entrance and Exit

出入口类型	形式	特点
直线型	学校出入口 / 城市道路	出入口紧临道路，缓冲空间位于学校内部。适用于周边用地紧张、规模较小的学校
骑楼型	学校出入口 / 城市道路	出入口位于建筑物下部，缓冲空间位于建筑进深区，能为家长等待停留提供遮风避雨的场所。适用于周边用地紧张、规模较小的学校
内凹型	学校出入口 / 城市道路	出入口留有一定的缓冲空间，既是学生上下学汇集的场所，也是家长接送孩子、接受学校信息的场所。适用接送比例较高的学校
引入型	学校出入口 / 城市道路	通过景观道路把城市道路与学校出入口连接起来，沿路布置景观小品，形成富有特色的缓冲空间。适用于用地条件宽裕、规模较大、接送比例较高的学校

利用学校出入口设置接送空间

优点： 便捷性高，接送空间和临时停车位可对社会车辆开放。

缺点： 接送车辆和人员对道路交通造成一定的负面影响，沿路临时停车位对行人的步行空间有干扰。

利用学校内部场地设置接送空间

优点： 对学校周边社会交通干扰较小，接送出入口可根据需求设置，有效分散交通流。

缺点： 接送空间需设置多个开口，对学校周围空间条件要求较高，且高峰时段进入学校的家长及车辆较多，会对校内学生造成安全隐患。

利用学校地下空间设置接送空间

优点： 接送交通流的集散与组织过程对地面社会交通的干扰较小。

缺点： 地下空间的建设成本较大，且存在非高峰时段使用率较低的问题。

接送区的设置形式
Setting Form of Square

利用学校出入口设置接送空间示意

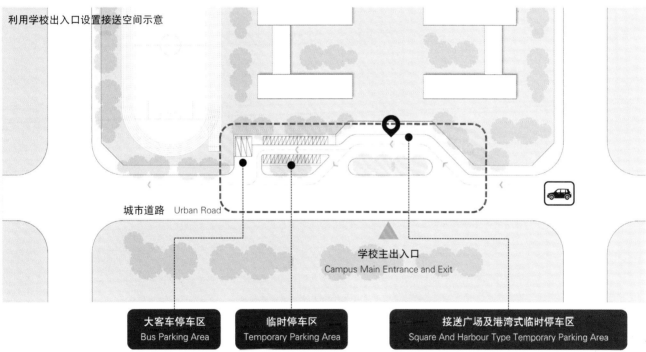

城市道路 Urban Road

学校主出入口
Campus Main Entrance and Exit

大客车停车区	临时停车区	接送广场及港湾式临时停车区
Bus Parking Area	Temporary Parking Area	Square And Harbour Type Temporary Parking Area

学校内部的接送广场

风雨连廊等候区
Corridor Waiting Area

接送广场的等候区及景观座椅

景观座椅
Landscape Seat

◆　**学校入口接送广场设计案例**
Design Case of School Entrance Transfer Square

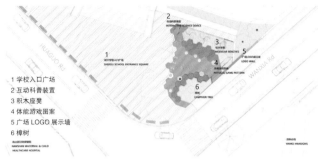

1 学校入口广场
2 互动科普装置
3 积木座凳
4 体能游戏图案
5 广场 LOGO 展示墙
6 樟树

设计策略
Design Strategy

接送广场既为等候的家长提供可以遮风挡雨的场所，还设计了互动科普装置，向驻足者传达基本度量和地理知识，凸显学校的教育文化氛围。

◆ 学校地下室设置接送空间设计要点
Key Points for Setting up Shuttle Space in School Basement

快送慢接

早上家长车辆送客时临时停车时间很短（10~20s），送完之后仍需上班，应设置落客区与车库出入口直接连通，保证送客车辆即停即走、快速进出，便捷直达、避免绕行。

下午家长车辆接客会提前到达，临时停靠时间较长（0.5~2h），应设置临时停车区供接客车辆停放，待学生放学后驶离。

宜分设地下室的出入口，简化行驶流线，提高车辆运转效率，减少对学校及周边交通的负面影响

设置接送中心，给家长提供一个具有等候、阅读等功能的空间场所；接送中心的面积应根据项目需求合理预留，确保有足够的等候空间，避免发生拥堵现象。若增加其他功能，应适当上调面积

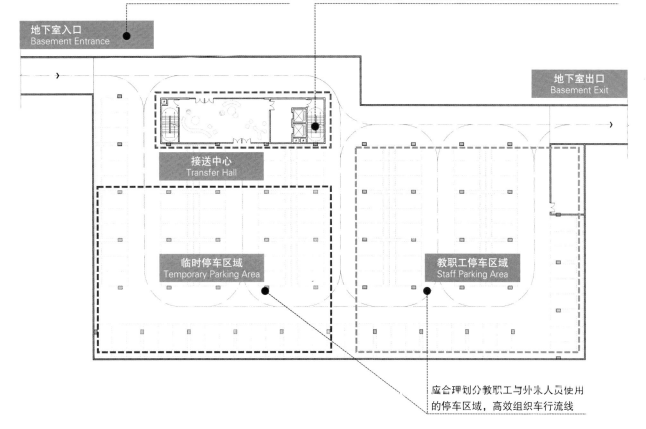

地下室入口
Basement Entrance

地下室出口
Basement Exit

接送中心
Transfer Hall

临时停车区域
Temporary Parking Area

教职工停车区域
Staff Parking Area

应合理划分教职工与外来人员使用的停车区域，高效组织车行流线

学生出入管理闸机

2.2.5 交通组织

交通流线： 校园出入口应与城市道路衔接，但不应通向城市主干道。应根据项目用地情况，分位置、分主次设置不小于 2 个校园出入口，且不宜设置在同一条城市道路上。有条件的项目宜设置机动车专用出入口，实现人车分流。校园交通流线一般包括学生流线、教师流线和后勤流线。

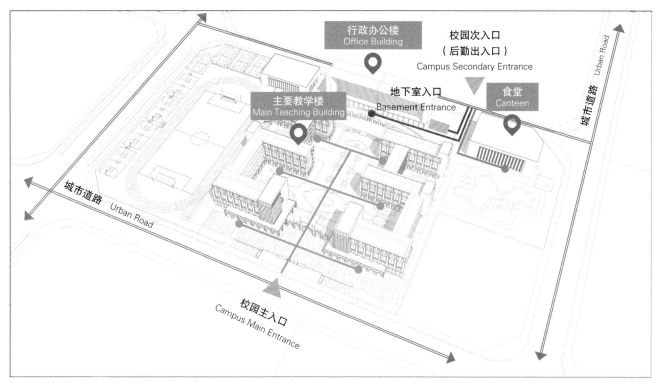

图例：

| 学生流线 | 车行流线 | 教师流线 | 后勤流线 |

校园出入口与周边相邻基地的机动车出入口的距离应 ≥ 20m。

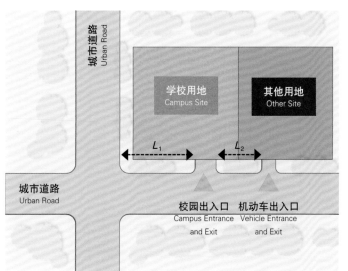

注：
1. L_1 为校园出入口至道路红线交叉点的距离，若该校园出入口兼作机动车出入口时，L_1 的长度应满足当地规范的要求；
2. L_2 为校园出入口与相邻用地机动车出入口的间距，应满足 ≥ 20m 的要求。

公共廊道、活动平台： 将校园教学区、生活服务区、体育活动区等各功能部分串联起来，为学生通行提供遮风挡雨的场所，是校园重要的交通枢纽空间，同时也为学生提供了丰富的活动场所。

◆ **公共廊道示意图**
Schematic Diagram of Public Corridor

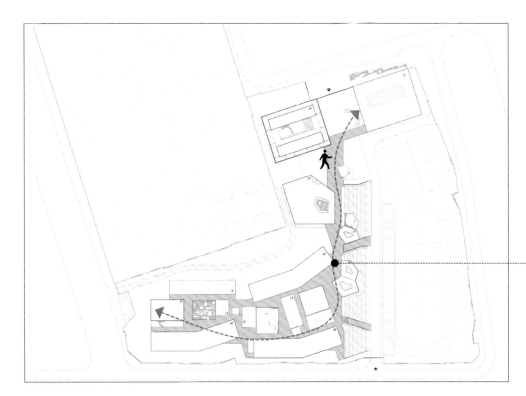

公共廊道的宽度应 ≥ 1.8m，且应按 0.6m 的整数倍增加廊道宽度，并满足疏散宽度的要求

风雨连廊

拱券连廊

◆ **活动平台示意图**
Schematic Diagram of Activity Platform

设计策略
Design Strategy

将公共廊道的功能与形态，结合景观作延伸设计，打造多样化的活动平台，
使其成为整个校园建筑与环境设计的特色。

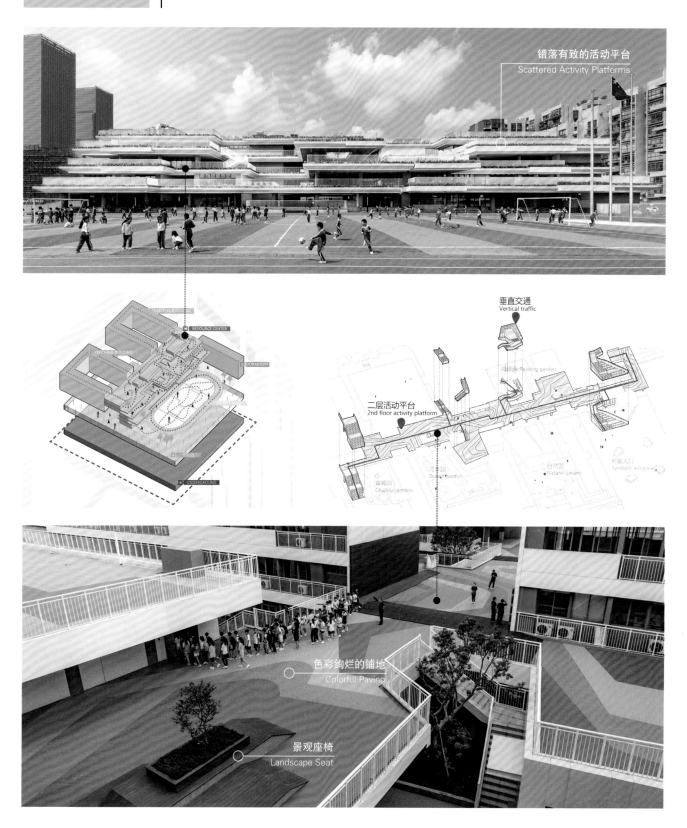

2.3 建筑设计

2.3.1 空间场所

STEAM 教室： STEAM 课程是指由科学（Science）、技术（Technology）、工程（Engineering）、艺术（Art）、数学（Mathematics）等学科共同构成的跨学科课程。STEAM 是一种教育理念，有别于传统的单学科、重书本知识的教育方式，是一种重实践的超学科教育概念。STEAM 教室宜邻近专用教室设置，建设的数量与面积根据项目沟通落实的情况灵活设置。

◆ **STEAM 课程核心内容**
Core Content of STEAM Course

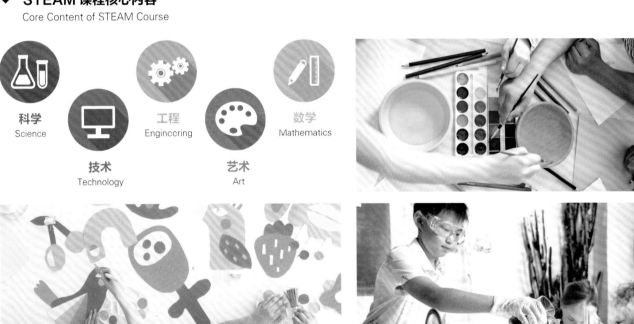

科学
Science

技术
Technology

工程
Enginccring

艺术
Art

数学
Mathematics

**STEAM 课程
能力培养方向**
Ability Training
Directions of
STEAM Course

认知发展
Cognitive Development

视觉艺术
Visual Art

肢体协调
Limb Coordination

阅读能力
Reading Abilities

STEAM 课程
能力培养方向

兴趣培养
Interest Cultivation

人际交往
Interpersonal Communication

沟通表达
Communication Expression

学习方法
Learning Methods

STEAM 教室
具体设计要点
Specific Design
Points of STEAM
Course Space

功能更多重，体现跨学科空间的整合作用

将各学科中最重要的知识融会贯通，并从现实情境中提炼出更多的跨学科课程研究的视角，进而整合生成全新的课程。这种多维度的融合使空间对知识的承载更加立体。

完善的机电设施，使得空间运用更灵活

比如采用可伸缩、可移动的电源线代替传统的地插，地面桌椅不受电源的约束，布局更灵活。选用带有实验室水槽的操作桌可以供学生进行讨论或模拟实践活动。

空间划分及布局的灵活调整，提升其使用频率和适应性

可根据不同学科的使用需求、协作形式来灵活调整教室的功能区域划分及家具布局，为学生提供进行交流讨论、项目合作、模拟运算、应用实践等的场所，传递出灵活开放和功能复合的设计理念。

◆ **STEAM 教室常用家具**
Common Furniture of STEAM Classroom

互动讨论桌
适合小组课程讨论及
汇报使用

软体休闲座椅
创造随处可学、随时
可学的环境

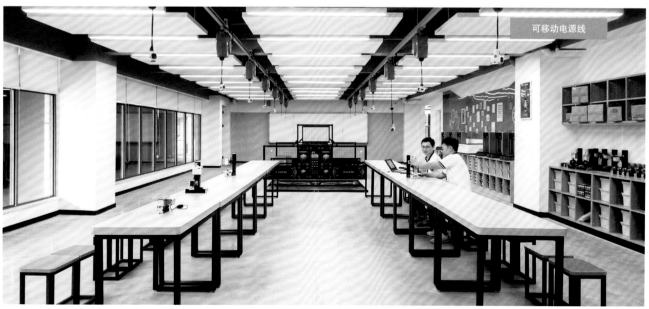

可移动电源线

图书室： 作为综合学习场所，有益于提高学生的学习效果及自主学习能力。宜根据不同的功能需求，搭配不同的图书室家具，如活动的书架、多功能组合桌或娱乐互动的休闲软体家具，营造开放自由及充满舒适性、趣味性的阅读空间。

◆ **图书室功能构成图**
Functional Composition of Library

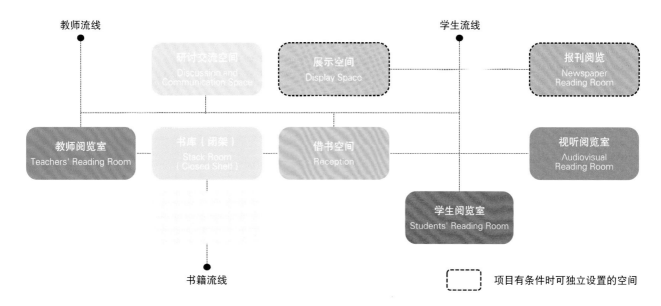

◆ **阅览室使用面积指标**
Use Area Index of Reading Room

房间名称	小学（m²/座）	中学（m²/座）	备注
学生阅览室	1.80	1.90	
教师阅览室	2.30	2.30	
视听阅览室	1.80	2.00	宜附设面积 ≥ 12m² 的资料储藏室
报刊阅览室	1.80	2.30	可不集中设置

◆ **书库藏书面积指标**
Use Area Index of Library Collection

房间名称	书库单位面积藏书量（册/m²）	备注
开架书库	400~500	
闭架书库	500~600	每生藏书量应根据各地办学条件标准确定
密集书架	800~1200	

◆ **图书室平面布局设计要点**
Key Points of Library Layout Design

开放课堂区
Reading & Teaching Area

半围合阅览区
Reading Area

借书空间 / 咨询台
Reception

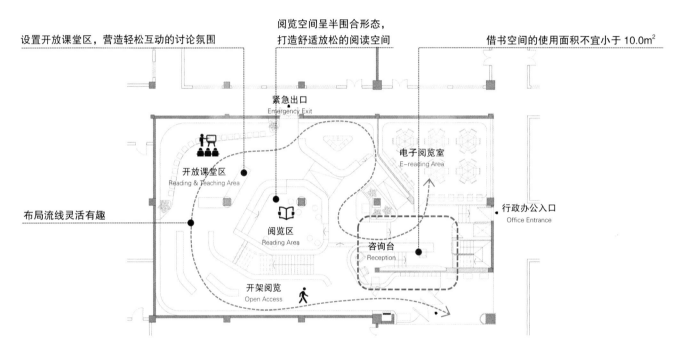

设置开放课堂区，营造轻松互动的讨论氛围

阅览空间呈半围合形态，
打造舒适放松的阅读空间

借书空间的使用面积不宜小于 10.0m²

紧急出口
Emergency Exit

开放课堂区
Reading & Teaching Area

电子阅览室
E-reading Area

布局流线灵活有趣

阅览区
Reading Area

行政办公入口
Office Entrance

咨询台
Reception

开架阅览
Open Access

◆ **图书室平面图**
Library Plan

◆ 图书阅览室书架尺度及通行范围示意

Schematic Diagram of Bookshelf Scale and Access Range in Library

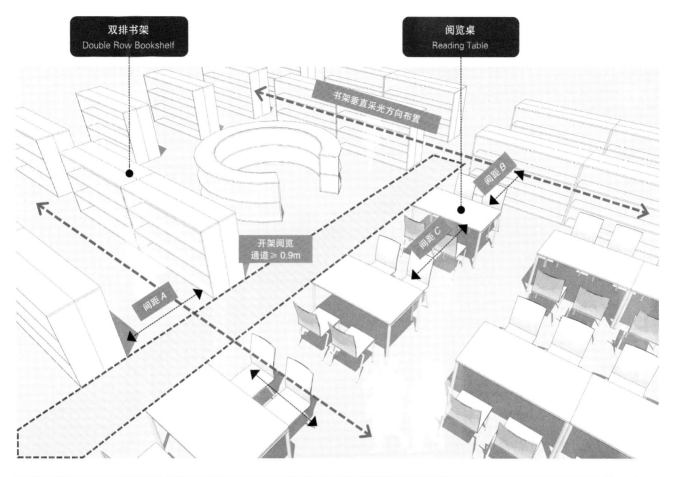

类别	数值
开架阅览通道 （与书架短边方向平行）	≥ 900mm
间距 A（闭架 / 开架）	≥ 800mm / ≥ 900mm
间距 B	≥ 1600mm
间距 C	≥ 1500mm
双人双面阅览桌尺寸 三人双面阅览桌尺寸	900mmx1300mm（小学）/1000mmx1400mm（中学） 900mmx2000mm（小学）/1000mmx2100mm（中学）
单排书架 / 双排书架尺寸	宽度宜为 900~1000mm/ 个 深度：250mm/450mm 开架书架高度宜≤ 1.7m（小学宜适当降低） 闭架书架高度宜为 2.0m

注：

1. 间距 A 为书架之间的净距；
2. 间距 B 为与书架长边方向平行布置的阅览桌与书架之间的净距；
3. 间距 C 为阅览桌长边之间的净距。

(1) 弧形的书架符合灵活的流线布局，围合形成界面丰富的阅读空间。书架高度应满足中小学生人体尺度的要求，小学的书架高度不宜超过1.5m，初中的书架高度不宜超过1.7m。

(2) 尺度适宜的下沉式台阶座椅与书架形成围合性强的阅读空间，营造适合学生们随时交流的环境。

(3) 软体家具、沙发营造舒适轻松的学习氛围。

学生休息厅：在教室附近设置休息厅，方便学生休息、活动、研讨及游戏。一般结合走廊、楼梯缓冲区及教学楼间的连廊设置，集中式休息厅的大小以能放置1~2张乒乓球台为宜。宽走道式休息厅宽度一般为2.5~3.3m。

◆ **教学用房与行政办公室的走道形式及设计要点**
Corridor Form and Design Points of Teaching Room and Administrative Office

注：
1. 教学用房与行政办公室的走道宽度应满足以上要求，并符合国家及当地规范要求；
2. 走道内的壁柱、消火栓、教室开启的门窗等设施不得影响走道的有效疏散宽度；
3. 当走道有高差变化需设置台阶时，台阶处应有天然采光或照明，台阶数量不得少于3级，并不得采用扇形踏步；
4. 当走道中高差不足3级台阶时，应采用坡道的形式，坡道的坡度不应大于1:8、不宜大于1:12。

04

架空层活动区： 气候适宜的地区，可在首层设置架空层活动区，不仅能有效改善校园的微气候环境，还能在架空层规划活动区或开放的阅览室、等候区，让家长在接送等候时有舒适的体验感。

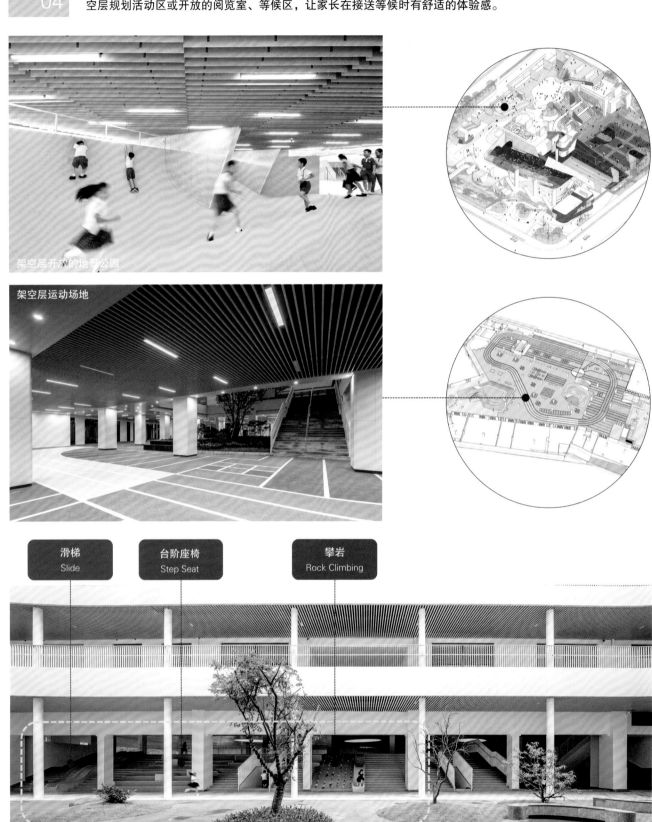

架空层开放的地景公园

架空层运动场地

| 滑梯 Slide | 台阶座椅 Step Seat | 攀岩 Rock Climbing |

设计策略
Design Strategy

在架空层位置打造舒适的家长接送区，结合书社、校园文化等主题，营造多元丰富的场所。

景观花园
The Garden

开放阅览空间
Open Reading Space

- 家长课堂
- 泛在阅读社

架空层功能延伸设计

- 以校园文化展示为主题，结合水吧打造接送等候区

开放式书架
Open Bookshelf

景观绿植
Green Plant

软体休闲座椅
Soft Leisure Seat

校园文化展示
Campus Culture Exhibition

水吧
Bar Counter

05

礼堂、黑匣子剧场： 根据项目的情况，可在靠近校园出入口处设置礼堂或黑匣子剧场，丰富学生的文艺活动。礼堂须合理考虑视线、声学等设计要求。黑匣子剧场一般考虑容纳 300 人以下，面积宜为 300m² 左右，中间主要区域为表演区，四周区域可作为观众席。

黑匣子剧场

表演区
Performance Area

■ 剧场内设置投影仪及屏幕

■ 墙面采用复合木质穿孔吸音板

礼堂 / 音乐剧场

06

学生活动室：学生活动室的数量及面积宜根据学校规模、办学特色和建设条件设置，供学生兴趣小组使用。宜根据活动内容打造舒适的室内环境和氛围，达到一种"沉浸式"的教学空间体验。

(1) 情景对话教室的表演区面积宜≥ 20m²。

情景对话教室

(2) 书法教室的墙面可以以"山水"为题，营造书法教室的活动氛围。教室中设置洗涤池，便于学生使用；设置作品展示栏，方便学生进行讨论交流。

书法教室

(3) 在劳动或技术活动室，应合理考虑储藏空间，设置洗涤池、作品展示栏等；有振动或发出噪声的活动室应采取减震减噪、隔震隔声措施。

学生活动室

公共交流空间: 在教学区或学生宿舍区,适宜设置进行绘本阅读、展览等公共交流活动的空间,丰富学生的课外活动。

年级客厅

年级客厅
Grade Living Room

(1) "年级客厅"包括阅读、游戏、储藏等功能,为孩子们提供了安全感和归属感。

宿舍大堂前区

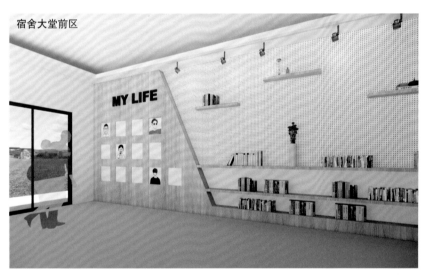

MY LIFE

(2) 通过对宿舍大堂前区的设计,让学生感受到亲切感,并互相认识了解,参与生活故事的讨论,快速适应集体生活。

宿舍公共交流区

(3) 在宿舍区适当设置个人空间和社交空间,如休息交流区、室内健身区等,可有效缓解学生的压力,调节心情。

08

屋顶露天植物园： 在考虑校园景观设计的时候，可在垂直方向最大化利用场地，结合建筑造型，打造屋顶露天植物园，其既是学生探索自然的空间，也是休憩活动的场所。

屋顶种植园 Roof Plantation

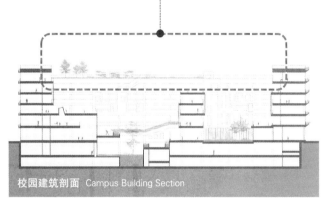

校园建筑剖面 Campus Building Section

设计策略
Design Strategy

坡屋顶的建筑造型活泼有趣，让学生感受更自然、更有趣的空间。

屋顶 —— 第五立面的设计
Roof — Design of the Fifth Facade

09 **心理咨询室：**心理健康是中小学生健康成长的重要方面，校园内设置心理辅导室及沙盘区，充分体现了对学生心理的关怀。其中能容纳沙盘测试的房间平面尺寸不宜小于 4.0m×3.4m。

◆ **心理咨询室功能构成**
Functional Composition of Psychological Counseling Room

分类	方式	空间类型	教具设置
私密	学生单独面对计算机选择问卷，从计算机上得到忠告与建议	电脑咨询室	带隔断的单人计算机桌
半私密	在小空间里与学生面对面交流	谈心室	桌椅、沙发
公开	将共性问题提炼讨论，编排心理剧，表演后研讨	展示园地、心理剧表演区	沙盘、模型架、展示板

◆ **心理咨询室平面布局**
Plane Layout of Psychological Counseling Room

① 沙盘
② 电脑咨询室
③ 谈心室

① 3 间用房宜相互连通；
② 电脑咨询室需设置带隔断的单人计算机桌

平面模式 A
Plane Layout A

平面模式 B
Plane Layout B

平面模式 C
Plane Layout C

谈心室

沙盘区

10

食堂： 食堂宜靠近校园次入口布置。寄宿制学校的食堂应包括学生餐厅、教工餐厅、配餐室及厨房；走读制学校应设置配餐室、发餐室和教工餐厅。厨房区域各类加工制作场所的室内净高不宜低于 2.5m；用餐区域净高不宜低于 2.6m；当设集中空调时，不应低于 2.4m；厨房和配餐室的墙面应设高度不低于 2.1m 的墙裙。

◆ **食堂功能构成及设计要点**
Functional Composition and Design Points of Canteen

食堂的厨房应附设蔬菜粗加工和杂物、燃料、灰渣等存放空间，且流线需设计清晰合理、避免污染

配餐室内应设洗手盆和洗涤池，宜设食物加热设施

食堂附近宜设置卫生间

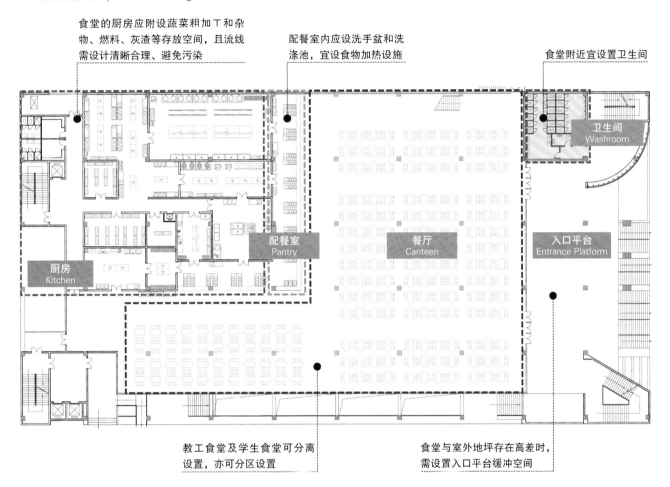

厨房 Kitchen

配餐室 Pantry

餐厅 Canteen

卫生间 Washroom

入口平台 Entrance Platform

教工食堂及学生食堂可分离设置，亦可分区设置

食堂与室外地坪存在高差时，需设置入口平台缓冲空间

学校食堂就餐区

74　中小学建筑设计导则

11 **学生宿舍：** 每间学生宿舍的居住人数不宜超过 6 人，居室每生占用或使用面积不宜小于 3.00m²，并应合理设置储藏空间及衣服晾晒空间。当采用阳台、外走道或屋顶晾晒衣物时，应采取防坠落措施。

◆ **宿舍平面模式对比分析**
Comparative Analysis of Dormitory Plane Patterns

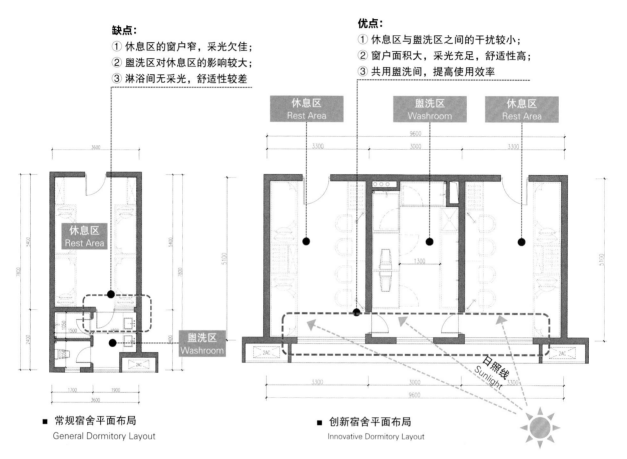

缺点：
① 休息区的窗户窄，采光欠佳；
② 盥洗区对休息区的影响较大；
③ 淋浴间无采光，舒适性较差

优点：
① 休息区与盥洗区之间的干扰较小；
② 窗户面积大，采光充足，舒适性高；
③ 共用盥洗间，提高使用效率

■ 常规宿舍平面布局
General Dormitory Layout

■ 创新宿舍平面布局
Innovative Dormitory Layout

学生宿舍室内效果

◆ **宿舍净高要求**
Clear Height Requirements for Dormitory

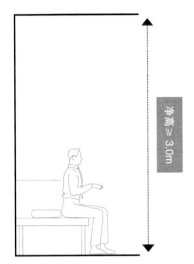
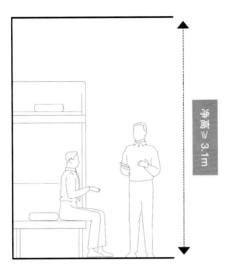
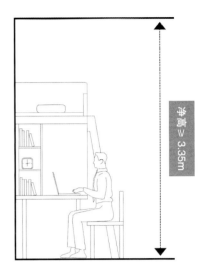

■ 单层床模式 Single Bed   ■ 双层床模式 Double-deck Bed   ■ 高架床模式 Loft Bed

◆ **宿舍储藏空间的要求**
Requirements for Dormitory Storage Space

① 储藏空间宜为 0.3~0.45m³/ 人；
② 储藏空间的宽度和深度均宜 ≥ 0.6m

12

合班教室： 小学的合班教室以容纳 2 个班为宜，中学以容纳 1 个或半个年级为宜。容纳 3 个班及以上的合班教室应设计为阶梯教室。当容纳 2 个班时，教室之间可采用灵活隔断，空间可分可合，提高适用性。

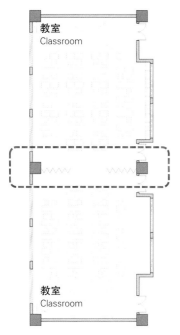

灵活隔断，教室可分可合，适应不同的教学场景

13

教室小阳台： 在普通教室设置小阳台，并安装洗手池或墩布池，可以为学生盥洗或打扫教室提供便捷条件。其次小阳台可以成为学生课间休息的活动场所，或通过布置绿植，打造班级特色。

洗涤池

14　**饮水处：** 教学用建筑每层的饮水处前应设置等候空间，面积宜为 10~15m²，且等候空间不得挤占走道等疏散空间。饮水槽的水嘴高度一般小学为 1.0m，中学为 1.1m。

◆　**饮水处平面布局**
Plane Layout of Drinking Fountain Room

① 水嘴数量按每层学生数 40~45 人设置 1 个计算；
② 每个水嘴的间距为 600mm

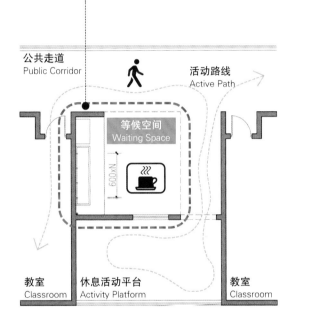

公共走道
Public Corridor

活动路线
Active Path

等候空间
Waiting Space

600×N

教室
Classroom

休息活动平台
Activity Platform

教室
Classroom

平面模式 A
Plane Layout A

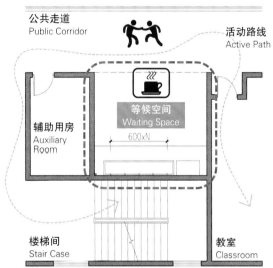

公共走道
Public Corridor

活动路线
Active Path

等候空间
Waiting Space

600×N

辅助用房
Auxiliary Room

楼梯间
Stair Case

教室
Classroom

平面模式 B
Plane Layout B

15　**立面绿化花池：** 宜在教室窗户处设置 1.0~1.2m 宽的绿化花池，不仅能增加校园的绿化面积、改善校园环境的微气候，还能减少 2 层以上临空的窗户，增加安全性。

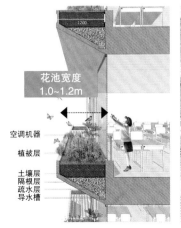

花池宽度
1.0~1.2m

空调机器
植被层
土壤层
隔根层
疏水层
导水槽

供爬藤植物生长的格栅
Grid For Climbing Rattan Plants

立面绿化花池
Greening Flower Pool

卫生间：中小学卫生间应设前室，且男、女生卫生间不得共用一个前室。卫生间应具有天然采光、自然通风的条件，并应安置排气管道。

◆ **卫生间平面布局**
Plane Layout of Washroom

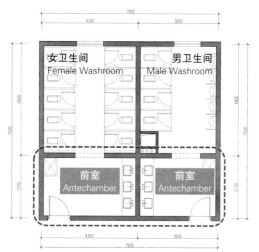

丰富鲜艳的色彩及图形元素的运用，可以增强辨识度及归属感

结合洗手池设置的前室，有足够的缓冲等候空间

◆ **卫生间洁具数量要求**
Quantity Requirements of Sanitary Ware in Washroom

类别	男卫生间	女卫生间
洗手盆 / 盥洗槽	40~45 人设 1 个洗手盆 或 0.6m 长的盥洗池	40~45 人设 1 个洗手盆 或 0.6m 长的盥洗池
大便器	40 人设 1 个大便器 或 1.2m 长的大便槽	13 人设 1 个大便器 或 1.2m 长的大便槽
小便斗	20 人设 1 个小便器 或 0.6m 长的大便槽	—

建筑出入口挡风间：在寒冷或风沙较大的地区，教学用建筑物的出入口应设挡风间或双道门。挡风间的进深宜 ≥ 2.1m，并符合疏散宽度的要求。

◆ **双道门、挡风间平面示意图**
Schematic Diagram of Building Entrance

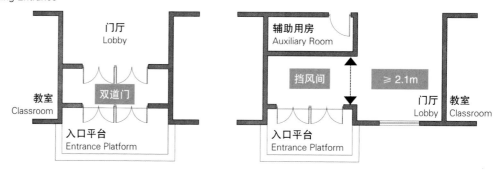

教室走道： 外走道的栏杆扶手可设计成供学生使用的阅读板，更好地丰富走道的功能，营造出校园浓厚的自主学习、讨论交流的氛围。

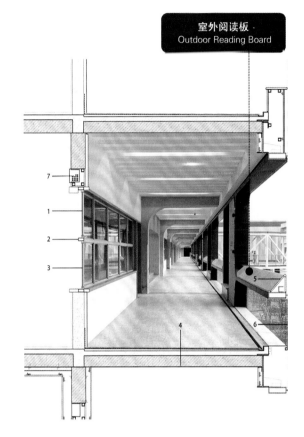

台阶座席： 结合楼梯设置台阶座席，提供人本化的公共交流场所，台阶座席采用木地板，增加舒适度。

2.3.2 环境设施

01 **教学用房的光环境：** 教学用房采光的优劣直接影响视力发育、视觉功能、教学效果、环境质量和能源消耗，因此需根据规范要求的合理采光系数和窗地面积比，为教学用房创造良好的光环境，充分利用天然光。

◆ **教学用房的采光要求**
Lighting Requirements of Teaching Room

房间名称	规定采光系数的平面	采光系数最低值	窗地面积比
普通教室、美术教室、音乐教室、书法教室、合班教室、阅览室等	课桌面	2.0%	1:5
科学教室、实验室	实验桌面	2.0%	1:5
计算机教室	机台面	2.0%	1:5
舞蹈教室、风雨操场	地面	2.0%	1:5
办公室、保健室	地面	2.0%	1:5
饮水处、厕所、淋浴间	地面	0.5%	1:10
走道、楼梯间	地面	1.0%	—

02 **反光板、遮光百叶：** 普通教室、专用教室、图书室等功能用房均应以学生座位左侧射入的光为主，若教室为南向外廊式布局时，应以北向窗为主要采光面。教室窗户宜结合反光板、智能遮光百叶调节室内的采光效果，避免出现直晒与眩光的情况。

◆ **反光板与遮光百叶示意图**
Schematic Diagram of Reflector Panel and Sun-shading

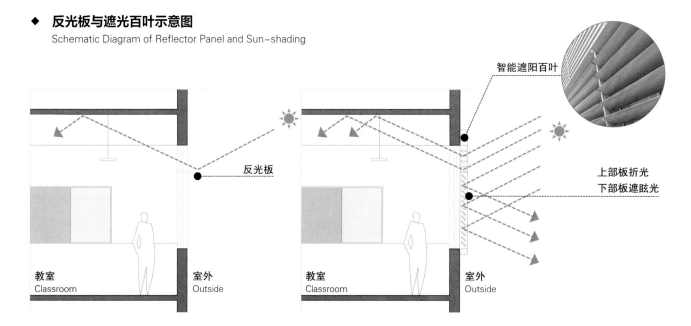

低龄洗手池： 小学校园内的洗手间宜设置低龄儿童洗手台。气候适宜地区的中小学校宜在体育场地周边的适当位置设置洗手池、洗脚池等附属设施。

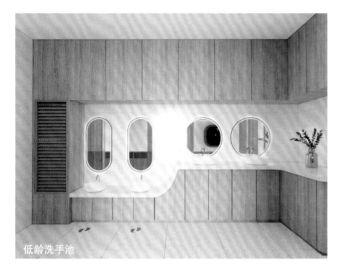

低龄洗手池

户外洗手池

在体育场地周边适当设置高低洗手台，便于学生使用

午休设施： 在没有设置学生宿舍的学校，可考虑在教室内，通过配置定制的桌椅、与储藏柜一体的午休床等方式，为学生提供午间休息的条件。

定制午休床家具

05 **储物柜：** 为解决学生携带困难的问题，普通教室内应为每个学生设置一个专用的小型储物柜。

设置于教室内的储物柜，与家具的间距不应小于600mm，宜适当考虑预留操作或等候空间

设置于走道的储物柜，且使用储物柜时不得影响走道的有效疏散宽度

06 **有组织浅沟排水：** 当教学用房的平面布局采用外廊式走道时，应合理考虑采用浅沟的形式进行有组织的排水，防止雨水倒灌到教学用房里。

◆ **外廊式走道设置浅沟示意图**
Schematic Diagram of Shallow Ditch in Corridor

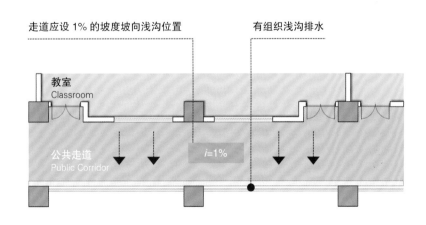

走道应设 1% 的坡度坡向浅沟位置   有组织浅沟排水

教室
Classroom

公共走道
Public Corridor

i=1%

外廊式走道

有组织浅沟排水
Organized Shallow Ditch Drainage

07

公告栏： 教室后部的内墙面可以考虑设置软木板等设施，便于学生们展示班级风采、交流作业成果、张贴通知公告等。

软木板
Cork Board

08

教室转暗设施： 为更好保护学生的视力，有安装视听教学设备的教室应设置可调百叶或便于由教师控制开闭的窗帘等转暗设施，且宜在课桌上设置局部照明设施。

局部照明设施
Local Lighting

智能遮光窗帘
Intelligent Automatic Shading Curtain

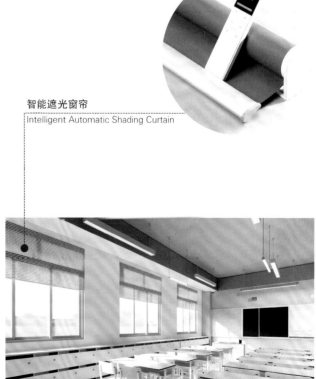

09 **室外运动场地围网：** 室外运动场地宜采用封闭式围挡或围网，且网球和室外游泳池应设置封闭式围挡或围网，围网的最小高度应符合以下表要求。

◆ **室外运动场封闭式围网的最小高度要求**
Minimum Height Requirements for Enclosed Fence in Outdoor Playground

项目名称	网球	网球（屋顶位置）	足球	篮球	排球	室外游泳池
最小高度规定	4.0m	6.0m	3.0m	3.0m	3.0m	3.0m

◆ **围网的设计要求**
Design Requirements for Enclosed Fence

(1) 设有围挡的室外运动场地，宜高出周围地面 100~200mm，入口宜设置坡道。
(2) 围挡或围网应坚固、无凸出部分，门把手、门闩应隐蔽。
(3) 围网网眼尺寸应根据运动项目确定，如网球场的网眼尺寸应 ≤ 50mm×50mm。

10 **普通教室桌椅：** 桌椅可根据学生的需求调节高度，且在椅子底部及桌子踩踏杆的位置增加储物槽的设计，充分体现人文关怀。

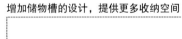
增加储物槽的设计，提供更多收纳空间

可根据学生需求调节高度的桌椅

2.3.3 环境安全

疏散通行宽度： 中小学内每股人流的宽度应按 0.6m 计算。建筑内的疏散通道及楼梯梯段宽度最少应为 2 股人流的宽度（≥ 1.2m），并应按 0.6m 的整数倍增加疏散宽度，每个梯段可增加不超过 0.15m 的摆幅宽度。

① 楼梯宽度为 2 股人流的宽度时，应至少在一侧设置扶手；
② 楼梯宽度达 3 股人流的宽度时，两侧均应设置扶手；
③ 楼梯宽度达 4 股人流的宽度时，应加设中间扶手

疏散楼梯不得采用螺旋楼梯和扇形踏步

楼梯间缓冲空间： 教学楼疏散楼梯在中间层的楼层平台与梯段接口处宜设置缓冲空间，缓冲空间的宽度不宜小于梯段宽度。

■ 缓冲空间模式一 Buffer Space Mode 1

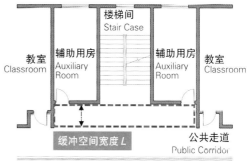

■ 缓冲空间模式二 Buffer Space Mode 2

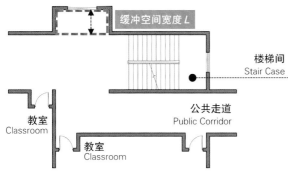

■ 缓冲空间模式三 Buffer Space Mode 3

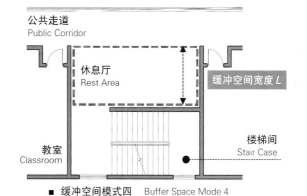

■ 缓冲空间模式四 Buffer Space Mode 4

03   **高低龄扶手：** 小学楼梯应加设高度为 0.6~0.7m 的高低龄扶手，提高安全性。

04   **走道高差：** 因为连通教学用房的走道是人流集中场所，应尽量减少高差变化。若存在高差，尽量考虑合理采用坡道的形式代替设置台阶。

不适宜   适宜

05 **上下人流分行标志：** 在楼梯中部设置上下人流分行标志，避免无序拥堵。

人流分行标志
People Stream
Distinguishing Mark

人流分行标志
People Stream
Distinguishing Mark

06 **室内阳角：** 中小学校室内应合理考虑阳角处理，如采用切角或粘贴阳角条的做法，以确保学生的使用安全。

阳角处理
External Corner Treatment

07 **临空外窗开启方式：**为保障学生日常使用或进行擦窗时的安全，2 层及 2 层以上的临空外窗不得外开，宜采用 180° 内平开窗与内倒下悬窗的形式。内平开窗开启扇的下缘低于 2.0m 时，开启后需平贴在固定扇上或墙上。

◆ **2 层及以上临空外窗的形式**
Form of Windows on the 2nd Floor and Above

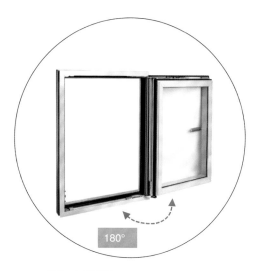

■ 180° 内平开窗　Internal Casement Window

■ 内倒下悬窗　Inner Inverted Suspended Window

08 **教室门：**为满足大件教学家具进入，教室门宜采用宽度为 1.2~1.5m 的双开门，采用单开门时宽度宜为 1.1m，满足疏散净宽 ≥ 0.9m 的要求。教室门把手应考虑学生防撞，把手应选用无棱角形状，把手高度的安装应结合学生身高进行设计，且宜设置门护角等安全措施。

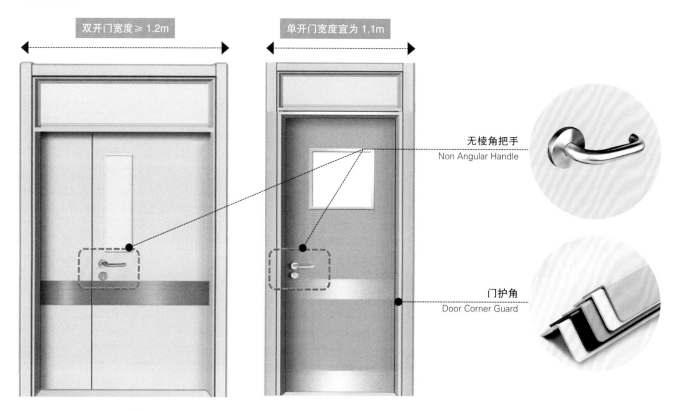

双开门宽度 ≥ 1.2m

单开门宽度宜为 1.1m

无棱角把手
Non Angular Handle

门护角
Door Corner Guard

建筑物出入口： 教学用房首层出入口净通行宽度不得小于 1.4m，且同时满足疏散宽度的要求。为保障轮椅进出时使用方便，门内外各 1.5m 范围内不宜设置台阶。同时应设置无障碍设施，以及采取防止上部物体坠落和地面防滑的措施。

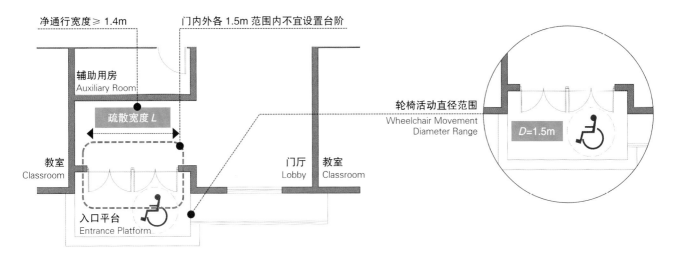

防滑地面材料： 为防止学生在公共卫生间或雨水湿滑的开敞式外走道发生滑倒等意外情况，公共卫生间与外走道的地面材料应选用防滑地砖、水磨石等，不宜使用石材，且单个防滑地砖面积宜小于 0.4m^2，平均摩擦系数（COF）宜 ≥ 0.6。

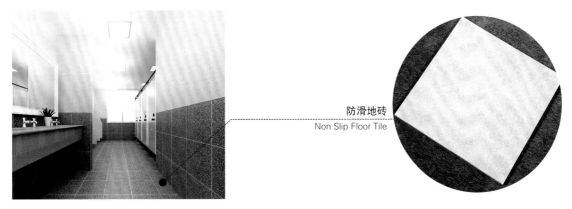

楼梯扶手防止滑溜设施： 为保障学生安全，中小学校的楼梯扶手上应加装防止学生滑溜的设施。

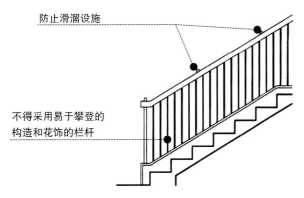

■ 防止滑溜设施示意图

12 **舞蹈室、风雨操场室内环境安全：**室内宜采用有防护网的灯具，采暖、固定运动器械的预埋件等设施均应采用暗装的方式。

风雨操场

窗台高度以下的墙面颜色宜为深色

窗台距室内地面高度宜 ≥ 2.1m

不宜采用刚性地面

13 为满足教学用房的室内采光及建筑使用安全的要求，在进行规划设计和景观设计时，应在符合相关规范的要求下，合理考虑植物与建筑物、构筑物之间的水平距离，提前预留足够的集中绿地面积用于乔木的种植，实现乔灌草结合的植物配置方式。

◆ **植物与建筑物、构筑物外缘的最小水平距离要求**

Requirements for Minimum Distance Between Plants and Outer Edges of Buildings and Structures

名称	新植乔木	现状乔木	灌木或绿篱外缘
测量水准点	2.0m	2.0m	1.0m
地上杆柱	2.0m	2.0m	—
挡土墙	1.0m	3.0m	0.5m
楼房	5.0m	5.0m	1.5m
平房	2.0m	5.0m	—
围墙（高度＜2.0m）	1.0m	2.0m	0.75m
排水明沟	1.0m	1.0m	0.5m

注：
1. 乔木与建筑物、构筑物的距离是指乔木树干基部外缘与建筑物、构筑物的净距离；
2. 灌木或绿篱与建筑物、构筑物的距离是指地表处分蘖枝干中最外的枝干基部外缘与建筑物、构筑物的净距离。

2.4 景观设计

2.4.1 空间场所

校园的景观设计关键在于:
合理地顺承并延伸学习空间,
丰富师生的户外学习、活动和交流等行为,
产生有助于提升学生素养的新型学习方式。

设计策略
Design Strategy

校园景观层次的多样性,
创建集审美性、独特性和教育性
于一体的校园互动性景观。

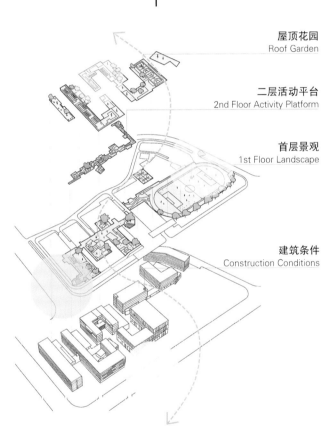

屋顶花园
Roof Garden

二层活动平台
2nd Floor Activity Platform

首层景观
1st Floor Landscape

建筑条件
Construction Conditions

主题游乐场所： 结合学生喜欢自由自在地利用空间来开展游戏活动并在游戏中学习的特点，校园的景观庭院应该打破传统单一化、平面化的设计，赋予空间场所多元化的活动功能，利用高差、色彩、景观装置等元素打造校园内的"主题游乐园"。

◆ **校园景观主题乐园设计案例**
Design Case of Campus Landscape Theme Park

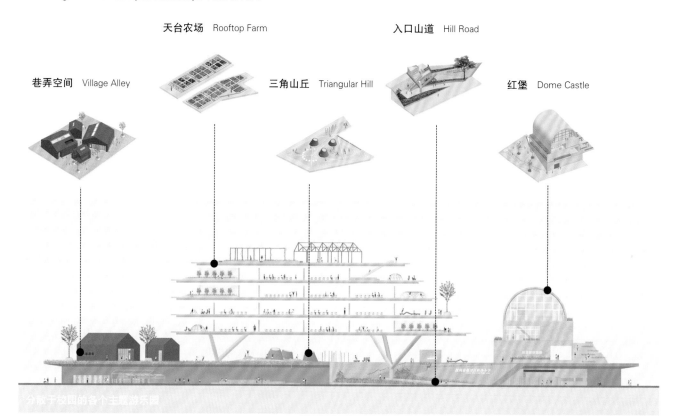

天台农场　Rooftop Farm

入口山道　Hill Road

巷弄空间　Village Alley

三角山丘　Triangular Hill

红堡　Dome Castle

分散于校园的各个主题游乐园

交互体验式的学习空间: 结合趣味的课程型景观小品、融合情景式的课程景观等要素,营造适合学生们进行学科互动和社团活动的重要场所。

设计策略
Design Strategy

位于校园山谷庭院中的户外剧场,激发学生的创作表演欲望,促进彼此的学习交流。

设计策略
Design Strategy

"风力农场"以互动和实验学习的概念为指导,激发学生对学习的渴望。

设计策略
Design Strategy

数字、色块、堆叠的木平台与种植,是学习、社交与嬉戏相交融的场所。

设计策略
Design Strategy

"树桌花园" —— 开放的户外学习空间，营造更便捷的步行体验、更绿色的自然景观、更开放的环境氛围。

2.4.2 场地排水

01 **场地标高：**合理地确定场地的坡度布置形式及设计标高，才能有效、科学、合理地设计场地排水。

场地标高设计要点
Key Points of Site Elevation Design

基地自然坡度布置形式

当基地自然坡度小于 5% 时，宜采用平坡式布置方式。当大于 8% 时，宜采用台阶式布置方式，台地连接处应设挡墙或护坡；基地临近挡墙或护坡的地段，宜设置排水沟，且坡向排水沟的地面坡度不应小于 1%。

场地设计标高的确定

场地设计标高应高于多年最高地下水位；场地设计标高不应低于城市的设计防洪、防涝水位标高，且不应低于设计洪水位或内涝水位 0.5m；场地设计标高宜比周边城市市政道路的最低路段标高高 0.2m 以上；当市政道路标高高于基地标高时，应有防止客水进入基地的措施。

场地道路竖向设计

道路竖向规划应以城市用地中的某些控制高程为基础，与道路的平面规划相结合进行，并控制最大纵坡度 ≤ 8%。

02 **防止雨水倒灌措施：**在项目地形较为复杂时，应采用向外找坡、设置截水沟等方式防止雨水倒灌。

◆ **设置截水沟示意图**
Schematic Diagram of Setting Intercepting Ditch

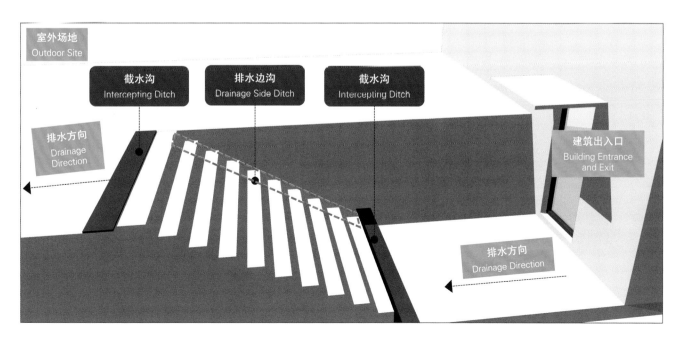

03 **架空层防水过渡带：** 中小学校内首层常设置架空层，当建筑立面较为平整时，建议在正常排水的设计下，在架空层位置设置宽度宜为 3.0m 的防水过渡带。

◆ **架空层防水过渡带示意图**
Schematic Diagram of Waterproof Transition Zone in Open Floor

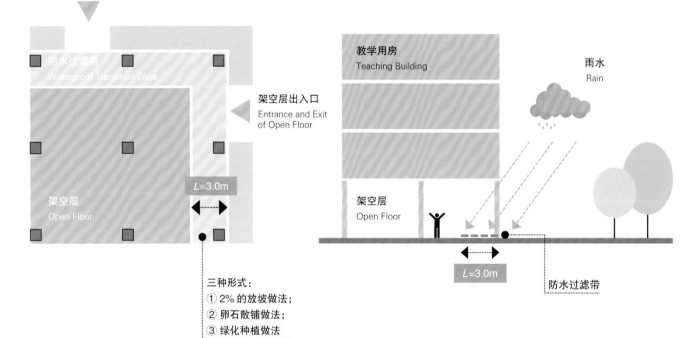

架空层出入口
Entrance and Exit
of Open Floor

防水过滤带
Waterproof Transition Zone

架空层
Open Floor

L=3.0m

架空层出入口
Entrance and Exit
of Open Floor

三种形式：
① 2% 的放坡做法；
② 卵石散铺做法；
③ 绿化种植做法

教学用房
Teaching Building

雨水
Rain

架空层
Open Floor

L=3.0m

防水过滤带

绿化种植防水过渡带
Green Planting Waterproof
Transition Zone

卵石防水过渡带
Pebble Waterproof Transition Zone

04

海绵城市措施：场地绿化景观应结合海绵城市、低影响开发等相关技术以消减整体地块的洪峰流量，采用雨水花园、生态草沟、透水广场等技术增加渗水、保水、补水措施。雨水花园可在校园中通过植物、沙土的综合作用使雨水得到净化，并使之逐渐渗入土壤，以涵养地下水，或补给景观用水、厕所用水等城市用水。

◆ **传统雨洪管理与低影响开发模式对比**
Comparison Between Traditional Rainwater and Flood Management and Low Impact Development Mode

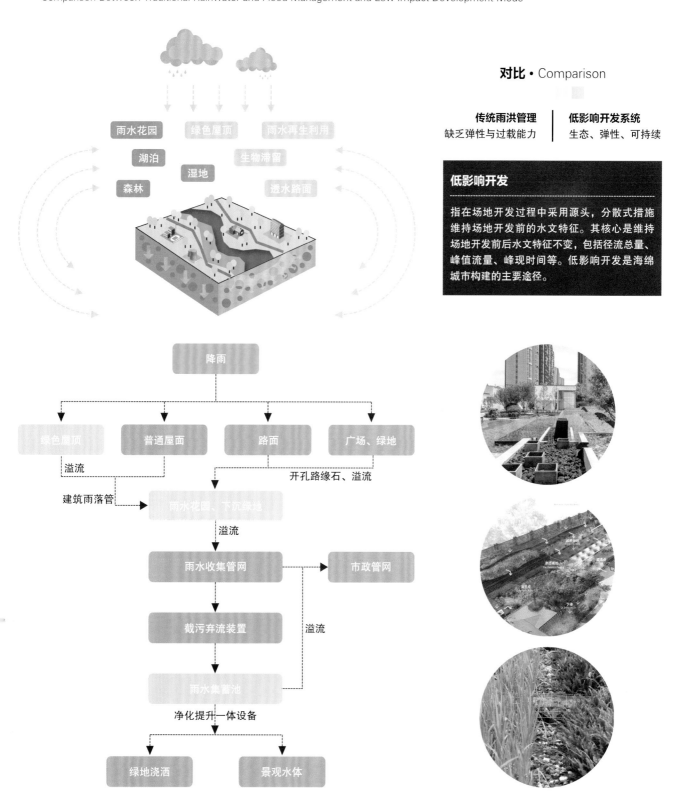

◆ **低影响开发措施**
Low Impact Development Measures

植草沟

植草沟具有输水功能和一定的截污净化功能，应用于小区内部，同时底部铺设碎石可以蓄存一部分雨水，既能补充地下水，还能蒸发补给绿色植被。

植草沟
Grass Planting Ditch

蓄水池
Reservoir

蓄水池

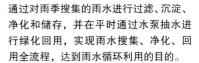

通过对雨季搜集的雨水进行过滤、沉淀、净化和储存，并在平时通过水泵抽水进行绿化回用，实现雨水搜集、净化、回用全流程，达到雨水循环利用的目的。

雨水花园

海绵设施联程系统能够有效传输和消纳雨水，在强降雨时能有条理地处理、消化雨水径流，同时层级净化雨水径流中的污染物，收集、存储雨水，日常进行公园植物的浇灌，减少大量市政浇灌的费用。

雨水花园
Rain Garden

生物滞留池
Biological Retention Tank

生物滞留池

生物滞留设施是在地势较低的区域，通过植物、土壤和微生物系统蓄渗、净化径流雨水的设施。其将雨水净化，用于市政浇灌。

透水铺装

透水铺装有多空隙的特性，可存蓄雨水，再系统回收利用。另外，其强大的渗透力可帮助吸纳周边非透水性铺装产生的径流，起到截污减排的作用。

透水铺装
Permeable Pavement

2.4.3 景观小品与设施

标识系统： 标识系统在校园环境中有着非常重要的作用，出色的标识不但是一种导向载体，而且是学校形象的宣传者，不但能彰显学校的魅力，而且能够唤起师生及来访者的情感，使他们拥有亲切、愉快的心境。

一级导向系统
Level 1 System

一级导向系统包括校园户外形象标识、校园入口处的总图标识、道路指引、分流及名称标识、各建筑物场馆名称标识及校园内公共服务设施标识等。

二级导向系统
Level 2 System

二级导向系统一般指校园内部环境部分标识，包括校园内建筑物总索引及平面图、各楼层索引及平面图、建筑物内公共服务设施（如洗手间、问询处等）标识、出入口标识及公告栏等。

三级导向系统
Level 3 System

三级导向系统包括各普通教室、专用实验室、行政办公室、后勤等用房的单元牌标识。

四级导向系统
Level 4 System

四级导向系统是校园标识系统的最后一级导向系统，一般包括门牌、设施牌、窗口牌、桌牌、树木牌、草地牌等标识。其中设施牌主要指的是公共服务设施中的标牌，如洗手间、投币饮料机等。窗口牌则主要指的是校内银行、学生食堂、公共浴室等空间内部的功能性指示牌。

校园标识系统类型分析
Campus Identification System Types Analysis

◆ 校园标识系统设计原则
Principles of Campus Logo System Design

功能识别性原则
Principle of Functional Identification

校园导向系统有明确的识别性，使师生通过清晰的视觉传递找到明确的目的地，符合人们的使用习惯。

科学规范性原则
Scientific Normative Principle

使用严谨的图形和清晰准确的文字，消除视觉交流障碍。导向系统的尺寸必须按校园实际环境来制作，且注意与周围空间的体积关系。

完整统一性原则
Principle of Integrity and Unity

形成统一的色彩、图形、版式等视觉印象，可以让使用者对校园形象有统一完整的认识，更有效地推广与传播校园文化。

◆ **校园一级导向标识系统**
Level 1 System of Campus

设计策略
Design Strategy

根据学校特点在校园主入口广场处设置校园户外形象标识。

◆ **校园二级导向标识系统**
Level 2 System of Campus

建筑楼栋索引标识
Building Index Sign

楼层索引标识
Floor Index Sign

◆ **校园三级导向标识系统**
Level 3 System of Campus

楼栋编号标识
Building Number Sign

功能用房标识
Functional Room Sign

图书馆
LIBRARY

◆ **校园四级导向标识系统**
Level 4 System of Campus

活泼形象的图案，消除视觉交流障碍
Lively Patterns Eliminate Visual
Communication Barriers

使用色彩区分不
同楼层，提高辨
识度
Different Colors
Improve
Recognition

精心爱护我
芳香送给你
Take good care of the land
give you the fragrance

02

景观装置： 既可以作为景观家具或游乐设施使用，又可以创造交流的场所，并且创造了适合儿童尺度的空间。在与之互动时，孩子们用自己的身体感知空间，自由地开展游戏活动。

景观装置应尺度适宜、造型圆滑，
选用防水、易维护、无害的材料
Appropriate Scale and Smooth Shape,
Selecting Waterproof, Easy to Maintain and
Harmless Materials

设计策略
Design Strategy

学科化的景观小品更容易激发学生的求知欲。各空间装饰以精巧的雕塑和色彩丰富、视觉逼真的装置抓住学生的好奇心，激发他们触摸、互动、检查、体验的欲望，在活跃和好玩的环境中学习基本知识。

03

校园围墙：宜采用通透、安全的形式，且赋予其更多元化的主题功能，与校园周边的环境形成相互渗透、相互融合的关系。当项目临近噪声较大的城市道路，导致校园的声环境不达标时，应结合当地部门的要求，在围墙处采用相关的降噪措施。

设计策略
Design Strategy

校园的围墙不仅需要打破以往的封闭感，还需要被赋予更多元化的功能，展示校园的特色及师生的风采。围墙不再是一道屏障，而是校园内与外的沟通桥梁。围墙应与周边环境形成积极影响的关系。

围墙的主题功能

休息区
Rest Area

家长或社区都可以使用

教育故事
Educational Story

社会责任感

空间的延伸设计

校园围墙设计
Campus Enclosure Wall
DESIGN

主题功能
Theme Function

作品展示栏、活力舞台、涂鸦墙

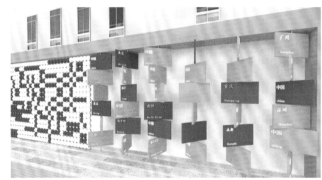

景观花池、树凳： 赋予花池多样化的功能，如休憩、玩耍等，使其成为景观化的休息或活动场地，给学生提供更为灵活而有趣的空间，充分体现人文关怀。

景观雕塑：根据学校的办学特色、校园文化可设计具有学校特色的雕塑，增强校园的文化气息，丰富校园的空间内涵，提升师生们的场所归属感。

体现校园文化的主题雕塑
Theme Sculpture Embodying Campus Culture

2.4.4 植物配置

校园绿化树种应选用污染少，少毛少刺或无刺，无刺激性气味，具有形态美、色彩美或气味芳香，且具有一定文化内涵的植物，选用的草坪类型须耐践踏。

不宜使用如夹竹桃、黄蝉、络石、凤尾兰、枸骨、花椒、皂荚等花草汁液有毒或植株多刺的植物。

在实际项目的植物配置里，应结合适地性特点，注意南北差异，尽量使用当地常见的植物类型，易于日常维护。

观赏价值较高的孤植树

可选择罗汉松、枫香、广玉兰、香樟、铁冬青、朴树、合欢、乌桕、丛生细叶紫薇等，此类树种或具有端庄树姿，或具有秀丽叶形，或四季常青，观赏特色各不相同。

■ 广玉兰　Magnolia Grandiflora　　　　■ 铁冬青　Ilex Rotunda

行道树树种

可选择香樟、广玉兰、宫粉紫荆、白兰、细叶榄仁、人面子及塞楝等树干笔直、优美的植物。

■ 宫粉紫荆　Pink Bauhinia　　　　■ 香樟　Camphor Tree

常绿小乔木与灌木

可选择桂花、海桐、杜鹃、黄金榕、含笑及九里香等常绿、树形优美的灌木植物。

■ 桂花　Sweet-scented Osmanthus　　　　■ 杜鹃　Rhododendron

落叶花灌木

可选择紫薇、石榴、连翘、鸡蛋花及迎春花等树形优美、四季均可赏的落叶花灌木。

■ 紫薇　Crape Myrtle

■ 迎春花　Winter Jasmine

藤本及竹类

藤本植物可选择使君子、金银花、爬山虎、龙吐珠、紫藤、凌霄、葡萄、常春藤等。
竹类可选择黄金间碧竹、紫竹、小琴丝竹、刚竹等。

■ 使君子　Quispualis Indica

■ 金银花　Honeysuckle

绿篱、草坪与草花

绿篱可选择海桐、胡椒木、金叶假连翘、黄金榕、杜鹃等。
草坪可选择结缕草、狗牙根、大叶油草及台湾草等耐践踏的品种。
草花可选择粗生野趣的品种，如串红、万寿菊、金盏菊、美人蕉等。

■ 金盏菊　Calendula Officinalis

■ 美人蕉　Canna

耐盐碱植物

华南地区常用的耐盐碱的植物有凤凰木、异木棉、细叶榄仁、刺桐、木棉、台湾相思、罗汉松、株百、海桐、文殊兰、苏铁、九里香及石榴等。

■ 凤凰木　Delonix Tree

■ 九里香　Orange Jessamine

2.5 建筑设备

2.5.1 采暖通风与空气调节

集中供暖： 中小学校建筑的集中供暖系统应以热水为供热介质，实现分室控温，并宜结合智能供暖系统进行分区或分层控制管理。智能供暖系统主要由智能控制软件系统、数据采集器、功率分配器和采暖温控器组成。

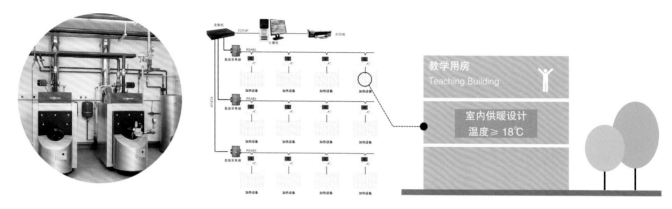

通风换气： 教室内换气量应 ≥ 19m³（h·人），常见的通风方式为窗式通风与侧墙进风两种。在严格要求新风量或没有条件自然进风的情况下，可采用新风换气机进行集中进、排风。

◆ **教室新风换气机示意图**
Schematic Diagram of Fresh Air Ventilator in Classroom

◆ **化学实验室的集中排风**
Centralized Exhaust of Chemical Laboratory

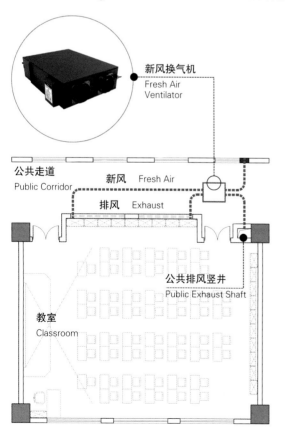

设置于实验设备上方，可自由伸缩、旋转的排气吸风罩

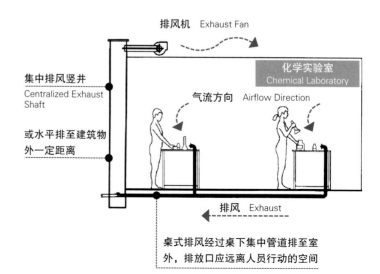

桌式排风经过桌下集中管道排至室外，排放口应远离人员行动的空间

◆ 窗式通风方式
Window Ventilation

■ **窗式通风器** *Window Ventilator*

窗式通风器可以安装在固定窗框的上部或下部，适用于塑钢、铝合金及木窗，具有良好的防水、防风性能。窗式通风器测试条件下，每延米进风量为120m³/h。

◆ 侧墙进风通风方式
Side Wall Air Inlet Ventilation

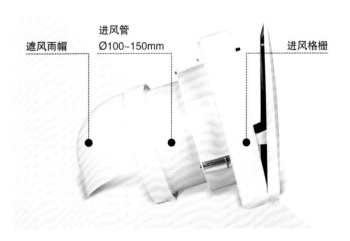

遮风雨帽   进风管 Ø100~150mm   进风格栅

设置侧墙通风器的位置，进风能被散热器直接加热，提高舒适性

■ **侧墙通风器** *Side Wall Ventilator*

在进风量可实现的条件下，可在散热器上方安装侧墙通风器，侧墙通风器具有过滤、消声、平衡风量等功能。侧墙通风器进风管Ø100~150mm，测试条件下，每延米进风量为80~120m³/h。

2.5.2 建筑给排水

01 **室内洗涤池：** 专用教室宜根据教学需求预留给排水条件，如化学实验室、生物实验室、美术教室、书法教室等，在教室内设置洗涤池可以方便学生使用。

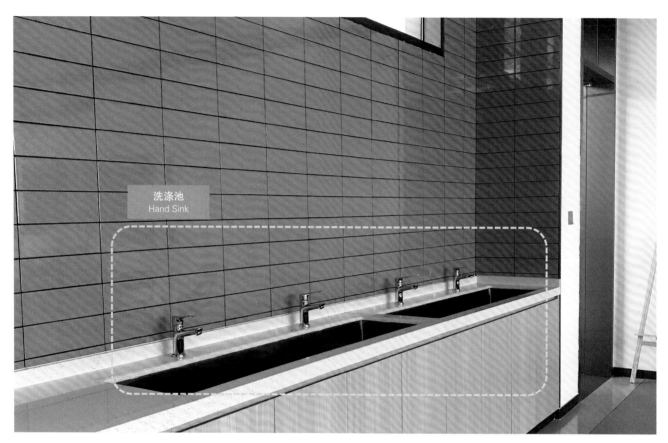

洗涤池
Hand Sink

02 **雨水收集利用系统：** 中小学校应根据所在地的自然条件、水资源情况及经济技术发展水平，合理设置雨水收集利用系统，并满足国家规范要求。

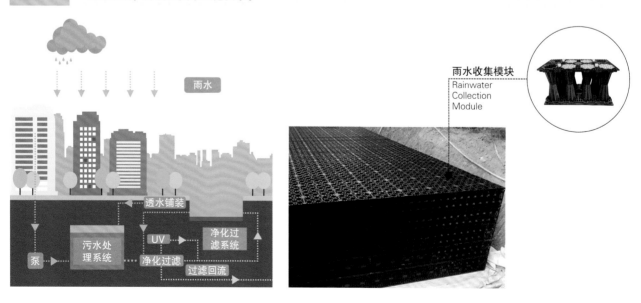

雨水

雨水收集模块
Rainwater
Collection
Module

透水铺装

污水处
理系统

UV

净化过
滤系统

泵

净化过滤

过滤回流

废水、污水处理措施： 化学实验室的废水应经过处理后再排入污水管道，食堂等房间排出的含油污水应经除油处理后再排入污水管道。

03

◆ **实验室污水处理工艺流程及设备示意图**
Schematic Diagram of Laboratory Sewage Treatment Process and Equipment

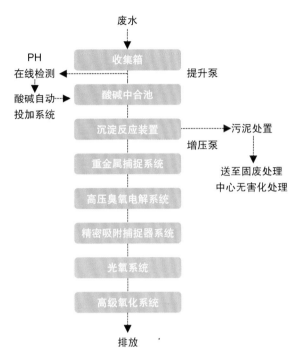

04

水泵房、排水立管的设置： 水泵房宜独立设置，不宜设置在教学建筑内。当必须设置在教学建筑内时，其围护结构、设备及管道安装等均需设置消声及减震措施。排水立管不宜设置在教室、实验室等安静要求较高的房间，当条件受限需设置时，应选用低噪声管材并采用暗装的方式。

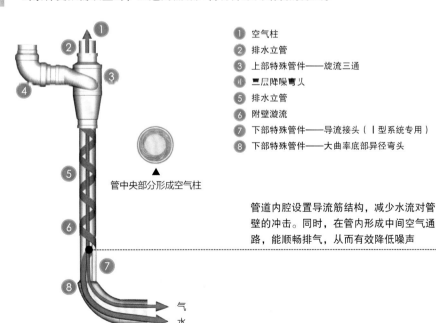

① 空气柱
② 排水立管
③ 上部特殊管件——旋流三通
④ 二层降噪弯头
⑤ 排水立管
⑥ 附壁漩流
⑦ 下部特殊管件——导流接头（Ⅰ型系统专用）
⑧ 下部特殊管件——大曲率底部异径弯头

管中央部分形成空气柱

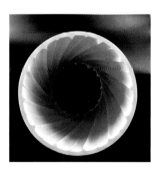

管道内腔设置导流筋结构，减少水流对管壁的冲击。同时，在管内形成中间空气通路，能顺畅排气，从而有效降低噪声

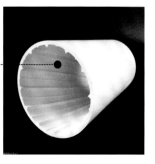

2.5.3 建筑电气

01

学校的电气设施需安全、高效、节能，总配电箱和电能计量宜位于负荷中心，供电半径 ≤ 250m，且各层应分设电源切断装置。实验室教学用电需设专用配电线路。建筑物内各层应分别设置强、弱电井，且竖井宜避免邻近烟道、热力管道和其他散热量大或潮湿的设施。

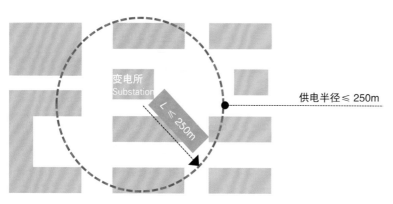

02

变电所位置： 附设在建筑物内的变电所，不应与教室相贴邻。当独立设置时，与其他建筑物的间距应 ≥ 10m，并符合国家与当地规范的间距要求。

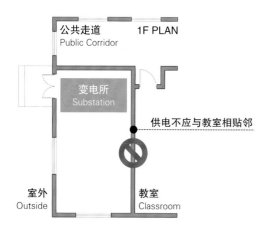

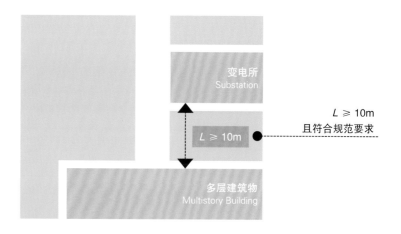

03

图书室的阅读桌宜考虑电源插座及局部照明设施，为师生们提供更完善、更舒适的阅览空间。

04

高效率灯具： 因使用裸灯产生的眩光会损害学生的视力健康，教室宜选用无眩光灯具。同时，开敞式荧光灯具的效率不应低于 75%，格栅式灯具的效率不应低于 60%。

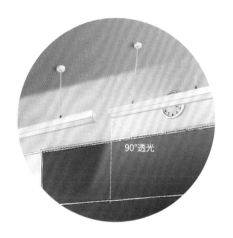

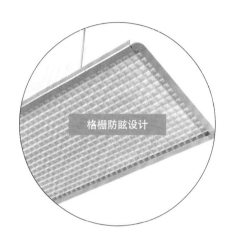

防眩黑板灯
Blackboard Lamp

防眩教室灯
Classroom Lamp

2.5.4 建筑智能化

校园智能化系统：通过建立一个安全、舒适、便捷、互通的智能化系统，可提高学校的智能化管理水平，为学生提供良好的学习生活环境。校园智能化系统包含一键报警应急指挥系统、电子班牌系统、信息导引及发布系统、公共广播系统、智能卡应用系统、访客系统等。

■ **一键报警应急指挥系统**

系统提供一键报警、可视对讲、视频会议、应急广播、视频监控、预案管理等功能。

■ **电子班牌系统**

系统是以出勤管理和班级信息展示为主体的综合管理平台系统。

■ **信息导引及发布系统**

系统应用现代电子、多媒体技术、网络技术，向学生提供各种信息服务。

校园智能化系统
Campus Intelligent System

■ **访客系统**

系统是集人脸识别、指纹识别、身份证识别等功能于一体的智能化信息安全管理系统，有效保障校园安全。

■ **智能电子学生卡**

新一代 4G 智能电子学生证，能满足学生校园多种场景应用，如移动支付及课堂答题等。

■ **公共广播系统**

系统应用于学校各区域，功能更强、使用更方便的数字化广播，满足学校日益增长的教学要求。

02 **机房布置要求：** 智能化系统的机房不应设在卫生间、浴室或其他经常可能积水场所的正下方，且不宜与上述场所相贴邻，并应远离发电机房、高低压配电房等强磁场区域。

◆ **智能化机房布置要求示意图**
Layout Requirements of Intelligent Machine Room

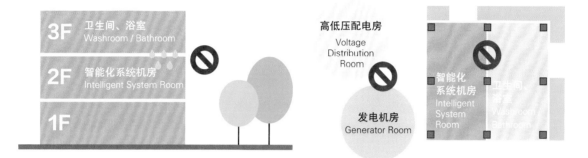

03 智能化系统的机房宜铺设架空地板和网络地板，机房净高不宜小于 2.5m。

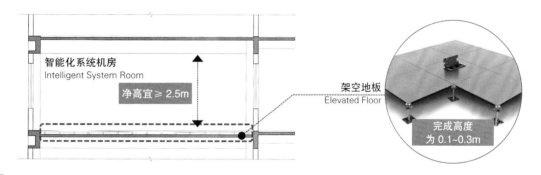

04 教学用房、教学辅助用房和操场应根据使用需要，分别设置广播支路和扬声器。室内扬声器安装高度不应低于 2.4m，且广播线路宜暗敷设。

Humanization and Precise Design in School

3

精细

Precise   Design

设计

3.1 普通教室

01

普通教室通用要求：

（1）普通教室容纳人数：小学为 45 人 / 间，中学为 50 人 / 间。

（2）矩形普通教室是常用的平面形式，其优点是经济性与实用性较高，能有效地利用房间面积。

（3）其他具体的通用要求如下。

采光充足	照度合理	通行便利	便于讨论
Sufficient Daylighting	Reasonable Illumination	Convenient Access	Facilitate Discussion

◆ **普通教室设计通用要求**
General Requirements for Ordinary Classroom Design

（1）教室具有合理形状、尺寸及面积，满足各种不同类型学校额定人数的学习需求。

（2）座位的布置和排列，应满足教室最远与最近视距要求，且便于学生就座与通行、书写与听讲、自学与讨论，便于教师回巡辅导与安全疏散。

（3）应有良好的朝向、足够的采光面积和均匀的光线，应避免直射阳光的照晒，保证冬至日有 2h 满窗日照的时间，且应设置满足照度要求的照明灯具。

（4）室内装修、家具设施等表面应光滑平整、无棱角，墙壁及地面要有利于清洗，以保持清洁。

（5）应有良好的声环境，要尽量减少外部噪声对教室的干扰。

（6）室内应有良好的舒适环境。在严寒及寒冷地区的学校，应有采暖设备及换气措施。在干热和闷热地区的学校，应有防热及良好的通风措施。

（7）教室设计要适合教学改革的要求，有引进现代教学设施的可能性。在确定教室面积及布置电源等方面应留有余地。

普通教室设计要点：

（1）空间要素包括墙面、地面、顶棚及家具布置等。教室设计的优劣，直接影响到教学效果及学生的身心健康。因此，教室的大小、体形、朝向、室内设施、室内环境及房间的组合形式等问题，需结合项目的具体条件合理考虑、予以解决。

普通教室空间要素分析

Spatial Elements Analysis of Ordinary Classroom

墙面
Wall Space
教室门、黑板、内墙面、墙裙、储物柜、插座、暖气片

地面
Ground
地面材料、踢脚

顶棚
Ceiling
天花、灯具、电风扇、空调

活动家具
Movable Furniture
课桌椅

◆ **普通教室空间要素示意图**
Schematic Diagram of Space Elements of Ordinary Classroom

（2）教室尺度宜控制开间为 8.4~11.0m，进深为 6.9~8.4m。

（3）教室净高应 ≥ 3.1m。

（4）小学普通教室使用面积建议为 80m²/ 间，初中、高中普通教室使用面积建议为 85m²/ 间。

（5）第一排边座与黑板远端所成的夹角不应小于 30°，与黑板边缘距离宜 ≥ 2.2m。

（6）课桌平面尺寸应为 0.6mx0.4m，排距不宜小于 0.9m，自最后排课桌后沿至后墙面或固定家具的净距不应小于 1.1m。

（7）最后排课桌后沿与前方黑板的水平距离应符合小学不宜大于 8.0m、中学不宜大于 9.0m 的要求。

（8）教室内纵向走道宽度不应小于 0.6m。

（9）教室前端侧窗窗端墙的长度应 ≥ 1.0m，窗间墙宽度应 ≤ 1.2m。

（10）当需设置电子班牌时，教室门位置应适当考虑排队等候的空间。

（11）教室内应设置专用的小型储物柜。

普通教室效果示意图（家具以实际为准）

◆ **普通教室指标配置**
Index Configuration of Ordinary Classroom

净高	房间面积	间数	总面积
3.1m	80~85m²	—	—

◆ **普通教室家具布局模式示意图**
Schematic Diagram of Ordinary Classroom Furniture Layout Mode

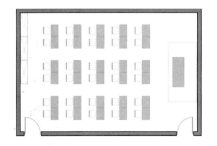

行列式布局

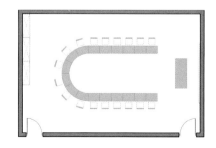

U 形布局

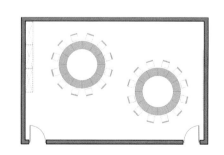

组团式布局

◆ **普通教室平面图**
Ordinary Classroom Plan

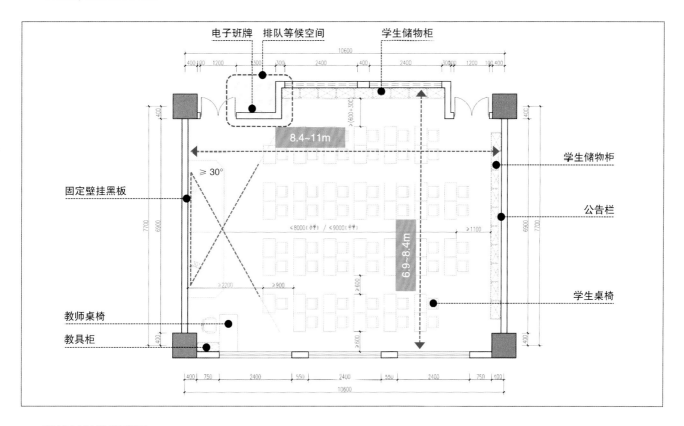

◆ **装修材料推荐配置**
Recommended Configuration of Decoration Materials

项目	中档	材料防火等级	高档	材料防火等级	要求燃烧性能等级
地面	防滑地砖 预制水磨石	A	PVC 地板胶	B1	多层建筑 ≥ B2
			门槛石材	A	
墙面	乳胶漆墙面	B1	穿孔吸音铝板	A	多层建筑 ≥ B1
天花	无机涂料顶棚 穿孔石膏板吊顶（600mm×600mm） 窗帘盒	A	轻钢龙骨石膏板顶棚 埃特板吊顶（600mm×600mm） 穿孔吸音铝板（600mm×600mm） 窗帘盒	A	≥ A
墙裙	无墙裙	—	金属墙裙	A	多层建筑 ≥ B1
	水性磁化墙膜	B1	PVC 墙裙板 室内阳角条	B1	
	瓷砖墙裙 陶板墙裙	A			
踢脚	瓷砖踢脚	A	金属踢脚	A	多层建筑 ≥ B1
			PVC 踢脚	B1	
门及门五金	钢门 /2 扇 普通门锁 /2 套 金属把手 /2 套	—	成品实木门（带观察窗、亮子）/2 扇 普通门锁 /2 套 金属把手 /2 套	—	—
固定家具	固定储物柜	—	固定储物柜 清洁柜	—	—
灯具	T5 灯管灯盘	—	LED 灯盘 黑板灯 紫外线消毒灯	—	—
备注	各类小学的墙裙高度不宜低于 1.2m，各类中学的墙裙高度不宜低于 1.4m				

◆ **普通教室机电配置示意图**
Electromechanical Configuration Diagram of Ordinary Classroom

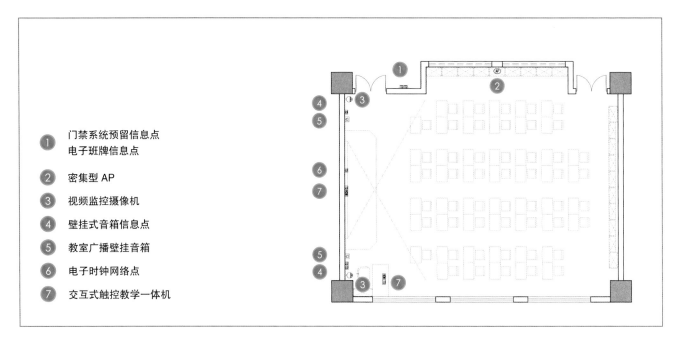

① 门禁系统预留信息点
　 电子班牌信息点

② 密集型 AP

③ 视频监控摄像机

④ 壁挂式音箱信息点

⑤ 教室广播壁挂音箱

⑥ 电子时钟网络点

⑦ 交互式触控教学一体机

◆ **机电专业推荐配置**
Recommended Configuration of Electromechanical Discipline

项目	标准配置项							
	设备	建议数量	强电	建议数量	弱电	建议数量	备注	
智能化系统	交互式触控教学一体机	1	一体机电源插座	1				
	教室广播壁挂音箱	2	壁挂式音箱插座	2				
	视频监控摄像机	1						
	校园广播壁挂音箱	2	壁挂式音箱插座	2				
	网络信息口	2						
通风系统	冷暖型分体空调	2	空调插座（用于壁挂式空调）	2				
	吊扇	6	开关面板	6				
照明系统	课室灯（1×28w）	16	开关面板（两位）	2				
	黑板灯	3	开关面板	1				
给排水系统	冷凝水接口	2						
其他			配电箱（照明、空调）	2				
			备用五孔插座	4				
备注	1.表中关于灯具选型及数量的建议以中低档装修作为配置标准参考。若项目为高档装修时，需由装修专业根据实际的天花造型另行设计。 2.吊扇若采用遥控形式，则不需要考虑设置开关面板							

项目	宜选配置项							
	设备	建议数量	强电	建议数量	弱电	建议数量	备注	
智能化系统	电子班牌	1	电子班牌接线盒	1	电子班牌数据接口	1		
	电子时钟	1	电子时钟接线盒	1	电子时钟数据接口	1		
	无线 AP	1			无线 AP 数据接口	1		
	门禁点	1			门禁点数据接口	1		
	考场监控视频监控摄像机	1			考场监控摄像机接口	1		
通风系统	换气扇	1~2	换气扇插座、开关	1~2				
照明系统	紫外线灯 （详见地方相关部门要求）	8	集中控制 （不在教室内设置开关面板）					
其他								
备注	紫外线灯建议按每 10m² 设置一个 40W 的灯设计							

注：“标准配置项”适用于普通型学校项目，“宜选配置项”适用于提升型学校项目在满足标准项的情况下选择配置。

普通教室门窗设计要点：

（1）门扇的宽度应满足教室疏散宽度的要求，且应 ≥ 0.9m，同时门扇开启不得影响走道的安全疏散。

（2）除音乐教室外，各类教室的门均宜设置上亮窗。

（3）除心理咨询室外，教学用房的门扇均宜设置观察窗。

（4）窗的采光应符合现行国家标准《建筑采光设计标准》（GB 50033—2013）的有关规定，窗地比应大于 1:5。

（5）外墙窗户可考虑结合遮阳设施（反光板、遮光百叶等）进行设置，减少阳光的直射，避免眩光的影响。

（6）教室窗的开启方式主要考虑擦洗玻璃及平时开窗的安全。可作内开窗，也可作推拉窗、中悬窗，如作外开窗，需解决擦窗的安全问题。

（7）向内开启的窗扇应在开启后能平贴于内墙，沿走廊一侧的采光窗应作推拉窗，以免碰撞学生。

◆ **教室窗户示意图**
Schematic Diagram of Classroom Windows

◆ **教室门示意图**
Schematic Diagram of Classroom Doors

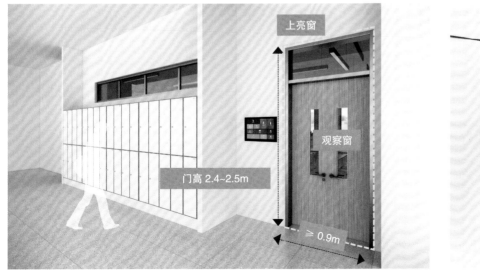

04

普通教室储物柜设计要点：

（1）教室内的储物柜可分为教具柜及学生使用的储物柜。

（2）储物柜的位置应尽量结合结构合理考虑，形式简洁美观，使之不影响室内的观感，且合理考虑储物柜使用空间，设置于走道处的储物柜在使用时不得影响有效疏散宽度。

（3）储物柜的高度宜为 0.8~1.5m，深度宜为 0.4m。

◆ **普通教室储物柜示意图**
Schematic Diagram Of Lockers In Ordinary Classroom

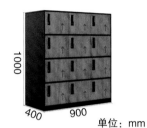

05

黑板与讲台设计要点：

（1）黑板的宽度应符合小学不宜小于 3.6m、中学不宜小于 4.0m。

（2）黑板的高度不应小于 1.0m，且下边缘与讲台面的垂直高度小学宜为 0.8~0.9m、中学宜为 1.0~1.1m。

（3）讲台长度应大于黑板长度，其两端边缘与黑板两端边缘的水平距离分别不应小于 0.4m。讲台的宽度不应小于 0.8m，有讲桌时宽度需适当增加，高度宜为 0.2m，且可采用成品教学讲台。

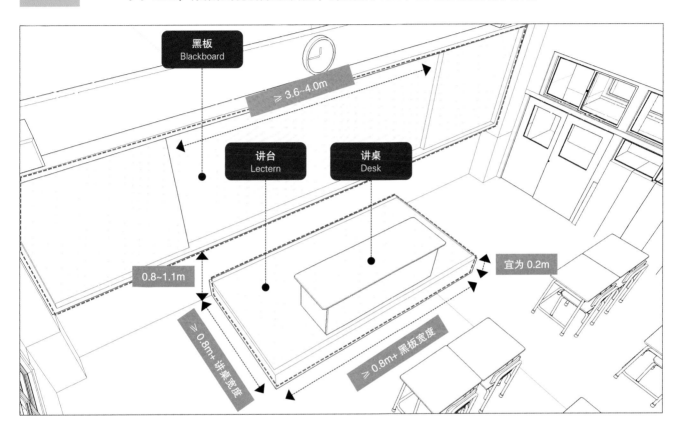

◆ **推拉式电子白板示意图**

Schematic Diagram of Push-pull Electronic Whiteboard

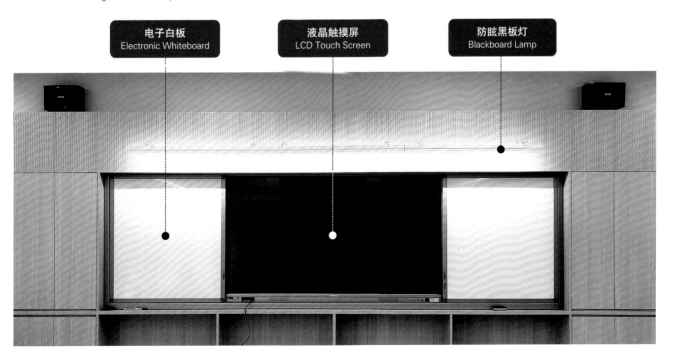

06

教室照明灯具设计要点：

（1）因为裸灯产生眩光损害学生的视力健康，因此教室照明不应采用裸灯。

（2）教室应采用高效率的灯具，开敞式荧光灯的效率不应低于75%，格栅式灯具的效率不应低于60%。有条件时，宜选用无眩光灯具。

（3）为有效控制眩光，灯具应采用长轴垂直黑板方向布置，且悬挂高度距桌面不应低于1.7m。

◆ **教室照明灯具示意图**
Schematic Diagram of Classroom Lighting Lamps

07

吊顶设计要点：

（1）饰面板上的灯具、消防烟感器、喷淋头、空调送回风口、检修孔、广播喇叭、监测等末端设备应进行综合排布，不应切断主龙骨，且烟感器及喷淋头周围800mm范围内不得设置遮挡物。

（2）应避免块状吊顶施工龙骨居中导致末端设备无法居中安装的情况，块材尺寸应符合顶板尺寸模数，并采用奇数块。

3.2 专用教室

3.2.1 物理实验室

物理实验室设计要点：

（1）教室尺度宜控制开间为 11.7~14.4m、进深为 8.4~11.0m。

（2）第一排边座与黑板远端所成的夹角不应小于 30°，与黑板边缘距离宜 ≥ 2.5m。

（3）最后排实验桌后沿与前方黑板之间的水平距离宜 ≤ 11.0m。

（4）实验室净高应 ≥ 3.1m。

（5）实验室的使用面积建议为 100~130m²/ 间（不含准备室面积）。

◆ **物理实验室指标配置**
Physical Laboratory Index Configuration

净高	房间面积	间数	总面积
3.1m	100~130m²	—	—

◆ **物理实验室家具示意图**
Schematic Diagram of Physical Laboratory Furniture

实验桌
Experiment Table

600mm

1200mm

■ 设置在顶棚可拉伸的电源插座

■ 带电源的物理实验桌

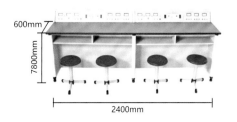

600mm

7800mm

2400mm

（6）实验室内的走道及实验桌的间距应符合以下要求。

（7）光学实验室的门窗宜设遮光措施，内墙面宜采用深色，且实验桌上宜设置局部照明。特色教学需要时可附设暗室。

（8）热学实验室应在每一实验桌旁设置给排水装置，并设置热源。

（9）电学实验室的电源总控制开关应设在教师演示实验桌内。

◆ **实验桌布置间距要求**

Layout and Spacing Requirements of Test Table

类别	间距 A	间距 B	间距 C	间距 D
力学实验室	≥ 2500mm	≥ 1200mm	≥ 1800mm （900mm×2）	≥ 900mm（单走道）
热血、光学、电学实验室	≥ 2500mm	≥ 1200mm	≥ 700mm	≥ 150mm（无走道） ≥ 600mm（有走道）

注：

1. 间距 A 为第一排实验桌前沿至前方黑板的水平距离。

2. 间距 B 为最后排座椅之后的横向疏散走道的宽度，即最后排实验桌的后沿与后墙面或固定家具的净距。

3. 间距 C 为实验室的中间纵向走道的宽度。

4. 间距 D 为沿墙布置的实验桌端部与墙面或壁柱、管道等墙面凸出物间的净距。当作为疏散走道时，净距不宜小于600mm；当不预留走道时，则净距不宜小于150mm，作为学生操作的摆幅范围。

◆ **物理热学实验室平面图**

Physical Thermal Laboratory Plan

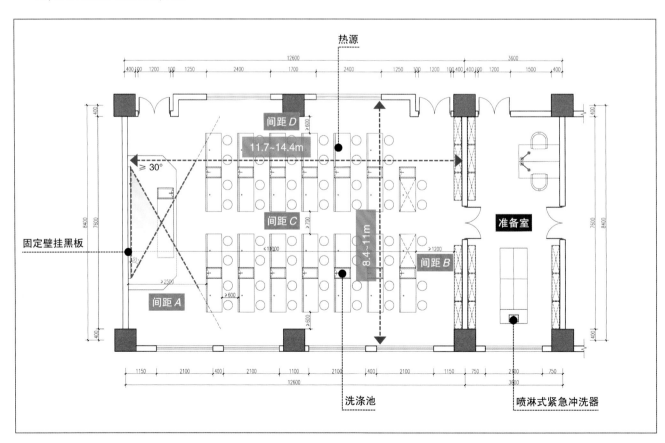

◆ 物理力学实验室平面图
Physical Mechanics Laboratory Plan

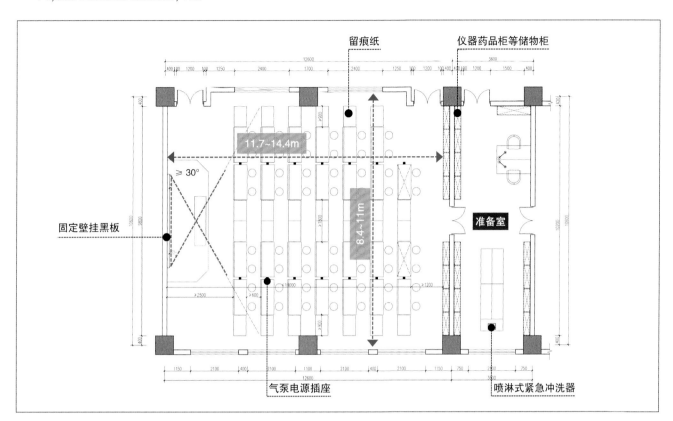

◆ 装修材料推荐配置
Recommended Configuration of Decoration Materials

项目	中档	材料防火等级	高档	材料防火等级	要求燃烧性能等级
地面	防滑地砖 预制水磨石	A	PVC 地板胶	B1	多层建筑 ≥ B2
			门槛石材	A	
墙面	乳胶漆墙面	B1	墙身金属铝板	A	多层建筑 ≥ B1
天花	无机涂料顶棚 穿孔石膏板吊顶（600mm×600mm） 窗帘盒	A	轻钢龙骨石膏板顶棚 埃特板吊顶（600mm×600mm） 穿孔吸音铝板（600mm×600mm） 窗帘盒	A	≥ A
墙裙	无墙裙	—	金属墙裙	A	多层建筑 ≥ B1
	水性磁化墙膜	B1	PVC 墙裙板 室内阳角条	B1	
	瓷砖墙裙 陶板墙裙	A			
踢脚	瓷砖踢脚	A	金属踢脚	A	多层建筑 ≥ B1
			PVC 踢脚	B1	
门及门五金	钢门 /2 扇 普通门锁 /2 套 金属把手 /2 套	—	成品实木门（带观察窗、亮子）/2 扇 防盗门锁 /2 套 金属把手 /2 套	—	—
固定家具	固定储物柜	—	固定储物柜 清洁柜	—	—
灯具	T5 灯管灯盘	—	LED 灯盘 黑板灯 紫外线消毒灯	—	—
备注	各类小学的墙裙高度不宜低于 1.2m，各类中学的墙裙高度不宜低于 1.4m				

◆ 物理实验室机电配置示意图
Electromechanical Configuration Diagram of Physical Laboratory

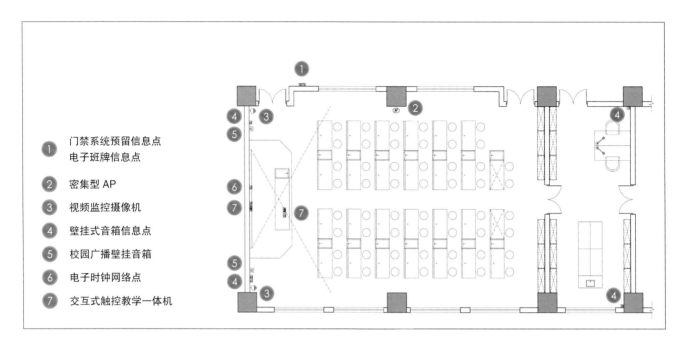

①　门禁系统预留信息点
　　电子班牌信息点

②　密集型 AP

③　视频监控摄像机

④　壁挂式音箱信息点

⑤　校园广播壁挂音箱

⑥　电子时钟网络点

⑦　交互式触控教学一体机

◆ 机电专业推荐配置
Recommended Configuration of Electromechanical Discipline

项目	标准配置项						
	设备	建议数量	强电	建议数量	弱电	建议数量	备注
智能化系统	视频监控摄像机	1					
	校园广播壁挂音箱	2	壁挂式音箱插座	2			
	网络信息口	4					
通风系统	冷暖型分体空调	3	空调插座（用于壁挂式空调）	3			
	吊扇	6	开关面板	6			
照明系统	课室灯（2×28w）	16	开关面板（两位）	2			
	黑板灯	3	开关面板	1			
给排水系统	冷凝水接口	2					
	给水接口、排水接口	1					
其他			配电箱（照明、空调）	2			
			备用五孔插座	4			
备注	1. 表中关于灯具选型及数量的建议以中低档装修作为配置标准参考。若项目为高档装修时，需由装修专业根据实际的天花造型另行设计。 2. 表中暂未包含实验用的通风柜。 3. 吊扇若采用遥控形式，则不需要考虑设置开关面板						
项目	宜选配置项						
	设备	建议数量	强电	建议数量	弱电	建议数量	备注
智能化系统	交互式触控教学一体机	1	一体机电源插座	1	一体机数据接口	1	
	教室广播壁挂音箱	2	壁挂式音箱插座	2			
	电子班牌	1	电子班牌接线盒	1	电子班牌数据接口	1	
	无线 AP	1			无线 AP 数据接口	1	
	门禁点	1			门禁点数据接口	1	
通风系统	换气扇	1~2	换气扇插座、开关	2			
照明系统	紫外线灯（详见地方相关部门要求）	8	集中控制（不在教室内设置开关面板）				
其他			配电箱（实验设备专用）	1			
备注	紫外线灯建议按每 10m² 设置一个 40W 的灯设计						

注："标准配置项"适用于普通型学校项目，"宜选配置项"适用于提升型学校项目在满足标准项的情况下选择配置。

3.2.2 化学实验室

化学实验室设计要点：

（1）教室尺度宜控制开间为 11.7~14.4m、进深为 8.4~11.0m。

（2）第一排边座与黑板远端所成的夹角不应小于 30°，与黑板边缘距离宜 ≥ 2.5m。

（3）最后排实验桌后沿与前方黑板之间的水平距离宜 ≤ 11.0m。

（4）实验室净高应 ≥ 3.1m。

（5）实验室的使用面积建议为 100~120m²/ 间（不含准备室面积）。

化学实验室效果示意图（效果以实际为准）

◆ **化学实验室指标配置**
Chemical Laboratory Index Configuration

净高	房间面积	间数	总面积
3.1m	100~120m²	—	—

◆ **化学实验室家具示意图**
Schematic Diagram of Chemical Laboratory Furniture

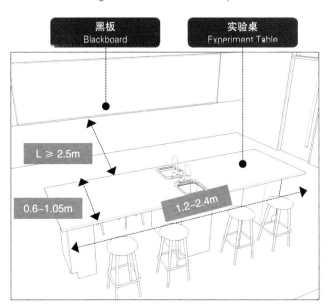

■ 设置在实验桌旁的洗涤池

■ 带冲洗与排风的化学实验桌

（6）化学实验室宜设在建筑物首层，并应附设药品室。

（7）化学实验室、化学药品室的朝向不宜朝西或西南。

（8）实验桌的端部应设洗涤池，岛式实验桌可在桌面中间设通长洗涤槽，每一间化学实验室内应至少设置1个急救冲洗水嘴，其工作压力不得大于 0.01MPa。

（9）应设置不少于 2 个侧墙排风的机械排风扇，其下沿应距楼地面以上 0.1~0.15m。

（10）实验桌应有通风排气装置，排风口宜设在桌面以上。药品室的药品柜内应设通风装置。

（11）化学实验室、药品室、准备室宜采用易冲洗、耐酸碱、耐腐蚀的楼地面做法，并装设密闭地漏。

◆ **实验桌布置间距要求**
Layout and Spacing Requirements of Test Table

类别	间距 A	间距 B	间距 C	间距 D
化学实验室	≥ 2500mm	≥ 1200mm	≥ 700mm	≥ 150mm（无走道） ≥ 600mm（有走道）

注：

1. 间距 A 为第一排实验桌前沿至前方黑板的水平距离。

2. 间距 B 为最后排座椅之后的横向疏散走道的宽度，即最后排实验桌的后沿与后墙面或固定家具的净距。

3. 间距 C 为实验室的中间纵向走道的宽度。

4. 间距 D 为沿墙布置的实验桌端部与墙面或壁柱、管道等墙面凸出物间的净距。当作为疏散走道时，净距不宜小于 600mm；当不预留走道时，净距则不宜小于 150mm，作为学生操作的摆幅范围。

◆ 化学实验室平面图一
Chemical Laboratory Plan I

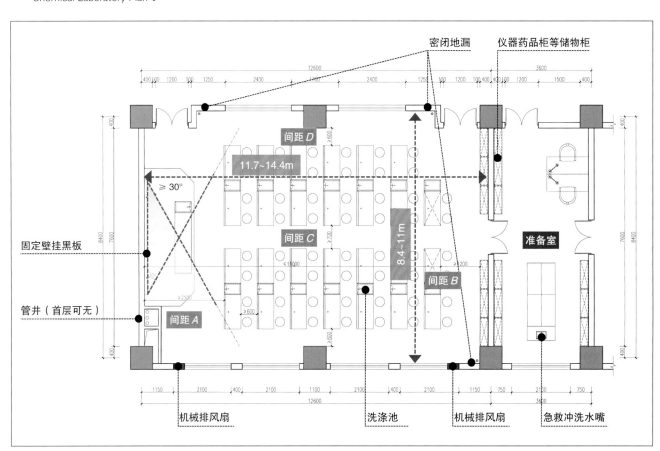

◆ 化学实验室平面图二
Chemical Laboratory Plan Ⅱ

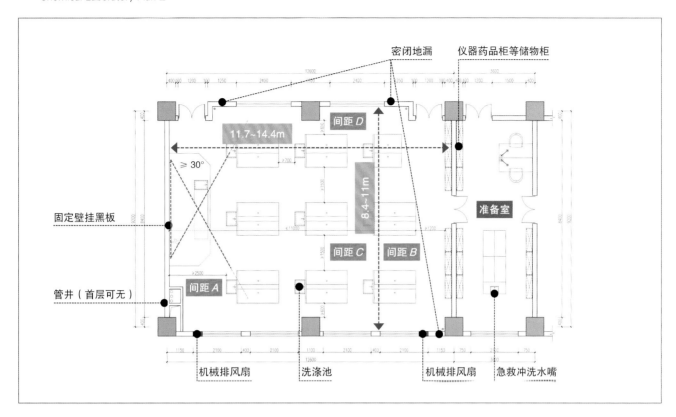

◆ 装修材料推荐配置
Recommended Configuration of Decoration Materials

项目	中档	材料防火等级	高档	材料防火等级	要求燃烧性能等级
地面	预制水磨石	A	防滑地砖 门槛石材	A	多层建筑 ≥ B2
			环氧树脂自流平地面	B1	
墙面	乳胶漆墙面	B1	墙身金属铝板	A	多层建筑 ≥ B1
天花	无机涂料顶棚 穿孔石膏板吊顶（600mm×600mm） 窗帘盒	A	轻钢龙骨石膏板顶棚 埃特板板顶（600mm×600mm） 穿孔吸音铝板（600mm×600mm） 窗帘盒	A	≥ A
墙裙	无墙裙	—	金属墙裙	A	多层建筑 ≥ B1
	水性磁化墙膜	B1	PVC 墙裙板 室内阳角条	B1	
踢脚	瓷砖踢脚	A	金属踢脚	A	多层建筑 ≥ B1
			PVC 踢脚	B1	
门及门五金	钢门 /2 扇 普通门锁 /2 套 金属把手 /2 套	—	成品实木门（带观察窗、亮子）/2 扇 防盗门锁 /2 套 金属把手 /2 套	—	—
固定家具	固定储物柜 洗手盆	—	固定储物柜 清洁柜 洗手盆	—	—
灯具	T5 灯管灯盘	—	LED 灯盘 黑板灯 紫外线消毒灯	—	—
备注	各类小学的墙裙高度不宜低于 1.2m，各类中学的墙裙高度不宜低于 1.4m				

◆ **化学实验室机电配置示意图**
Electromechanical Configuration Diagram of Chemical Laboratory

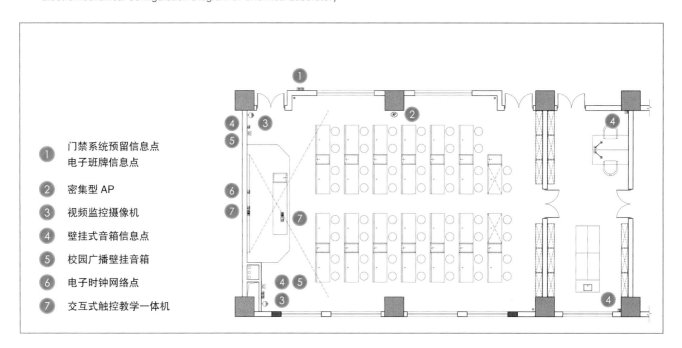

① 门禁系统预留信息点
　 电子班牌信息点

② 密集型 AP

③ 视频监控摄像机

④ 壁挂式音箱信息点

⑤ 校园广播壁挂音箱

⑥ 电子时钟网络点

⑦ 交互式触控教学一体机

◆ **机电专业推荐配置**
Recommended Configuration of Electromechanical Discipline

项目	标准配置项						
	设备	建议数量	强电	建议数量	弱电	建议数量	备注
智能化系统	视频监控摄像机	1					
	校园广播壁挂音箱	2	壁挂式音箱插座	2			
	网络信息口	4					
通风系统	冷暖型分体空调	3	空调插座（用于壁挂式空调）	3			
	吊扇	6	开关面板	6			
	排风机	2	排风机控制箱	2			
照明系统	课室灯（2×28w）	16	开关面板（两位）	2			
	黑板灯	3	开关面板	1			
给排水系统	冷凝水接口	2					
	给水接口、排水接口	1					
其他			配电箱（照明、空调）	2			
			备用五孔插座	4			
备注	1. 表中关于灯具选型及数量的建议以中低档装修作为配置标准参考。若项目为高档装修时，需由装修专业根据实际的天花造型另行设计。 2. 表中暂未包含实验用的通风柜。 3. 吊扇若采用遥控形式，则不需要考虑设置开关面板						

项目	宜选配置项						
	设备	建议数量	强电	建议数量	弱电	建议数量	备注
智能化系统	交互式触控教学一体机	1	一体机电源插座	1	一体机数据接口	1	
	教室广播壁挂音箱	2	壁挂式音箱插座	2			
	电子班牌	1	电子班牌接线盒	1	电子班牌数据接口	1	
	无线 AP	1			无线 AP 数据接口	1	
	门禁点	1			门禁点数据接口	1	
照明系统	紫外线灯 （详见地方相关部门要求）	12	集中控制 （不在教室内设置开关面板）				
其他			配电箱（实验设备专用）	1			
备注	紫外线灯建议按每 10m² 设置一个 40W 的灯设计						

注：“标准配置项”适用于普通型学校项目，“宜选配置项”适用于提升型学校项目在满足标准项的情况下选择配置。

3.2.3 生物实验室

生物实验室设计要点：

（1）教室尺度宜控制开间为 11.7~14.4m、进深为 8.4~11.0m。

（2）第一排边座与黑板远端所成的夹角不应小于 30°，与黑板边缘距离宜 ≥ 2.5m。

（3）最后排实验桌后沿与前方黑板之间的水平距离宜 ≤ 11.0m。

（4）实验室净高应 ≥ 3.1m。

（5）实验室的使用面积建议为 100~120m²/ 间（不含准备室面积）。

◆ **生物实验室指标配置**
Biological Laboratory Index Configuration

净高	房间面积	间数	总面积
3.1m	100~120m²	—	—

◆ **生物实验室家具示意图**
Schematic Diagram of Biological Laboratory Furniture

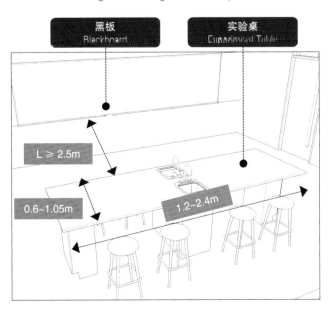

■ 设置在实验桌旁的洗涤池

■ 带冲洗的生物实验桌

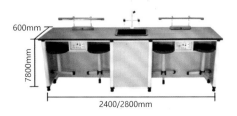

（6）生物实验室应附设药品室、标本陈列室、标本储藏室，宜附设模型室、植物培养室，并在校园下风方向附设种植园及小动物饲养园。

（7）当设有2个生物实验室时，宜分设生物显微镜观察实验室和解剖实验室。

（8）生物解剖实验室的给排水设施可集中设置，也可在每个实验桌旁设置。

（9）生物显微镜观察实验室内宜在实验桌旁设置显微镜储藏柜。

（10）冬季获得直射阳光的生物实验室应在阳光直射的位置设置摆放盆栽植物的设施。

◆ **实验桌布置间距要求**
Layout and Spacing Requirements of Test Table

类别	间距 *A*	间距 *B*	间距 *C*	间距 *D*
生物实验室	≥ 2500mm	≥ 1200mm	≥ 700mm	≥ 150mm（无走道） ≥ 600mm（有走道）

注：

1. 间距 *A* 为第一排实验桌前沿至前方黑板的水平距离。

2. 间距 *B* 为最后排座椅之后的横向疏散走道的宽度，即最后排实验桌的后沿与后墙面或固定家具的净距。

3. 间距 *C* 为实验室的中间纵向走道的宽度。

4. 间距 *D* 为沿墙布置的实验桌端部与墙面或壁柱、管道等墙面凸出物间的净距。当作为疏散走道时，净距不宜小于600mm；当不预留走道时，净距则不宜小于150mm，作为学生操作的摆幅范围。

◆ **生物实验室平面图一**
Biological Laboratory Plan Ⅰ

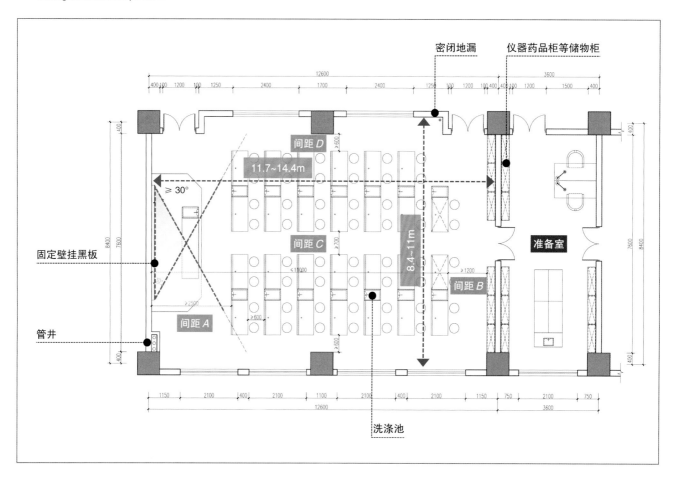

◆ **生物实验室平面图二**
Biological Laboratory Plan Ⅱ

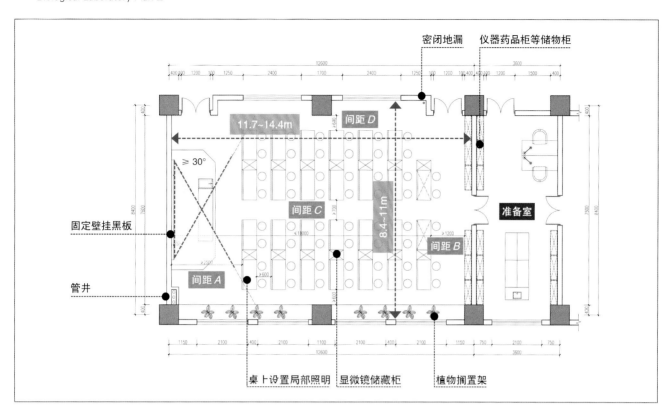

◆ **装修材料推荐配置**
Recommended Configuration of Decoration Materials

项目	中档	材料防火等级	高档	材料防火等级	要求燃烧性能等级
地面	防滑地砖 预制水磨石	A	PVC 地板胶	B1	多层建筑 ≥ B2
			门槛石材	A	
墙面	乳胶漆墙面	B1	穿孔吸音铝板	A	多层建筑 ≥ B1
天花	无机涂料顶棚 穿孔石膏板吊顶（600mm×600mm） 窗帘盒	A	轻钢龙骨石膏板顶棚 埃特板吊顶（600mm×600mm） 穿孔吸音铝板（600mm×600mm） 窗帘盒	A	≥ A
墙裙	无墙裙	—	金属墙裙	A	多层建筑 ≥ B1
	水性磁化墙膜	B1	PVC 墙裙板 室内阳角条	B1	
	瓷砖墙裙 陶板墙裙	A			
踢脚	瓷砖踢脚	A	金属踢脚	A	多层建筑 ≥ B1
			PVC 踢脚	B1	
门及门五金	钢门 /2 扇 普通门锁 /2 套 金属把手 /2 套	—	成品实木门（带观察窗、亮子）/2 扇 防盗门锁 /2 套 金属把手 /2 套	—	—
固定家具	固定储物柜 洗手盆	—	固定储物柜 清洁柜 洗手盆	—	—
灯具	T5 灯管灯盘	—	LED 灯盘 黑板灯 紫外线消毒灯	—	—
备注	各类小学的墙裙高度不宜低于 1.2m，各类中学的墙裙高度不宜低于 1.4m				

◆ **生物实验室机电配置示意图**
Electromechanical Configuration Diagram of Biological Laboratory

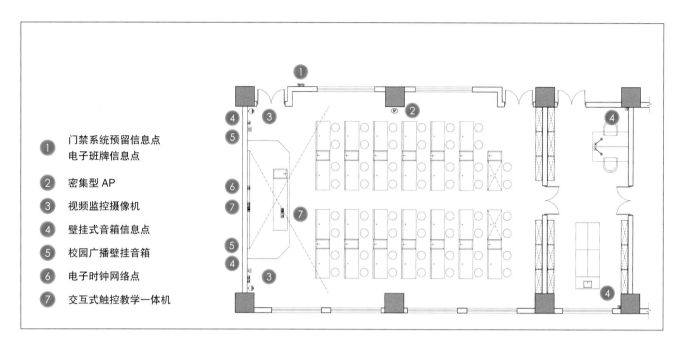

1 门禁系统预留信息点
  电子班牌信息点

2 密集型 AP

3 视频监控摄像机

4 壁挂式音箱信息点

5 校园广播壁挂音箱

6 电子时钟网络点

7 交互式触控教学一体机

◆ **机电专业推荐配置**
Recommended Configuration of Electromechanical Discipline

项目	标准配置项						
	设备	建议数量	强电	建议数量	弱电	建议数量	备注
智能化系统	视频监控摄像机	1					
	校园广播壁挂音箱	2	壁挂式音箱插座	2			
	网络信息口	4					
通风系统	冷暖型分体空调	3	空调插座（用于壁挂式空调）	3			
	吊扇	6	开关面板	6			
	排风机	2	排风机控制箱	2			
照明系统	课室灯（2×28w）	16	开关面板（两位）	2			
	黑板灯	3	开关面板	1			
给排水系统	冷凝水接口	2					
	给水接口、排水接口	1					
其他			配电箱（照明、空调）	2			
			备用五孔插座	4			
备注	1. 表中关于灯具选型及数量的建议以中低档装修作为配置标准参考。若项目为高档装修时，需由装修专业根据实际的天花造型另行设计。 2. 表中暂未包含实验用的通风柜。 3. 吊扇若采用遥控形式，则不需要考虑设置开关面板						
项目	宜选配置项						
	设备	建议数量	强电	建议数量	弱电	建议数量	备注
智能化系统	交互式触控教学一体机	1	一体机电源插座	1	一体机数据接口	1	
	教室广播壁挂音箱	2	壁挂式音箱插座	2			
	电子班牌	1	电子班牌接线盒	1	电子班牌数据接口	1	
	无线 AP	1			无线 AP 数据接口	1	
	门禁点	1			门禁点数据接口	1	
照明系统	紫外线灯（详见地方相关部门要求）	12	集中控制（不在教室内设置开关面板）				
其他			配电箱（实验设备专用）	1			
备注	紫外线灯建议按每 10m² 设置一个 40W 的灯设计						

注：“标准配置项”适用于普通型学校项目，“宜选配置项”适用于提升型学校项目在满足标准项的情况下选择配置。

3.2.4　综合实验室

综合实验室设计要点：

（1）教室尺度宜控制开间为 11.7~13.5m、进深为 11.1~12.6m。

（2）第一排边座与黑板远端所成的夹角不应小于 30°，与黑板边缘距离宜≥ 2.5m。

（3）实验室中心设置约 100m² 无固定装置的空间，可随课程需要择定实验桌及布置格局。

（4）实验室净高应≥ 3.1m。

（5）实验室的使用面积建议为 130~150m²/ 间（不含准备室面积）。

综合实验室效果示意图（效果以实际为准）

◆　**综合实验室指标配置**

Comprehensive Laboratory Index Configuration

净高	房间面积	间数	总面积
3.1m	130~150m²	—	—

◆　**综合实验室家具示意图**

Schematic Diagram of Comprehensive Laboratory Furniture

■　设置给排水设施与电源插座的固定实验桌

■　可移动的围绕式实验桌

（6）综合实验室应附设仪器室、准备室。当化学、物理、生物实验室均在邻近布置时，综合实验室可与其共用仪器室、准备室。

（7）沿墙（除讲台侧）设置固定实验桌，给排水、热源、电插座、排风管均设置在固定实验桌上，以软管与移动实验桌连接。

◆ **综合实验室平面图**
Comprehensive Laboratory Plan

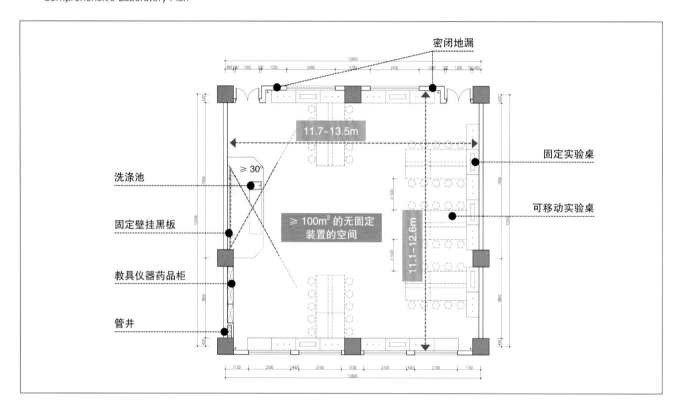

◆ **综合实验室机电配置示意图**
Electromechanical Configuration Diagram of Comprehensive Laboratory

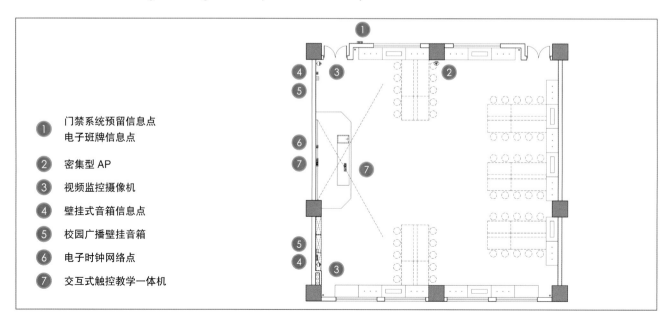

① 门禁系统预留信息点
　 电子班牌信息点

② 密集型 AP

③ 视频监控摄像机

④ 壁挂式音箱信息点

⑤ 校园广播壁挂音箱

⑥ 电子时钟网络点

⑦ 交互式触控教学一体机

◆ 装修材料推荐配置
Recommended Configuration of Decoration Materials

项目	中档	材料防火等级	高档	材料防火等级	要求燃烧性能等级
地面	防滑地砖 预制水磨石	A	PVC 地板胶	B1	多层建筑 ≥ B2
			门槛石材	A	
墙面	乳胶漆墙面	B1	穿孔吸音铝板	A	多层建筑 ≥ B1
天花	无机涂料顶棚 穿孔石膏板吊顶（600mm×600mm） 窗帘盒	A	轻钢龙骨石膏板顶棚 埃特板吊顶（600mm×600mm） 穿孔吸音铝板（600mm×600mm） 窗帘盒	A	≥ A
墙裙	无墙裙	—	金属墙裙	A	多层建筑 ≥ B1
	水性磁化墙膜	B1	PVC 墙裙板 室内阳角条	B1	
	瓷砖墙裙 陶板墙裙	A			
踢脚	瓷砖踢脚	A	金属踢脚	A	多层建筑 ≥ B1
			PVC 踢脚	B1	
门及门五金	钢门 /2 扇 普通门锁 /2 套 金属把手 /2 套	—	成品实木门（带观察窗、亮子）/2 扇 防盗门锁 /2 套 金属把手 /2 套	—	—
固定家具	固定储物柜 洗手盆		固定储物柜 清洁柜 洗手盆	—	—
灯具	T5 灯管灯盘	—	LED 灯盘 黑板灯 紫外线消毒灯	—	—
备注	各类小学的墙裙高度不宜低于 1.2m，各类中学的墙裙高度不宜低于 1.4m				

◆ 机电专业推荐配置
Recommended Configuration of Electromechanical Discipline

项目	标准配置项					
	设备	建议数量	强电	建议数量	弱电	建议数量	备注
智能化系统	视频监控摄像机	1					
	校园广播壁挂音箱	2	壁挂式音箱插座	2			
	网络信息口	4					
通风系统	冷暖型分体空调	3	空调插座（用于壁挂式空调）	3			
	吊扇	6	开关面板	6			
	排风机	2	排风机控制箱	2			
照明系统	课室灯（2×28w）	20	开关面板（两位）	2			
	黑板灯	3	开关面板	1			
给排水系统	点燃水接口	2					
	给水接口、排水接口	1					
其他			配电箱（照明、空调）	2			
			备用五孔插座	4			
备注	1. 表中关于灯具选型及数量的建议以中低档装修作为配置标准参考。若项目为高档装修时，需由装修专业根据实际的天花造型另行设计。 2. 表中暂未包含实验用的通风柜。 3. 吊扇若采用遥控形式，则不需要考虑设置开关面板					

项目	宜选配置项					
	设备	建议数量	强电	建议数量	弱电	建议数量	备注
智能化系统	交互式触控教学一体机	1	一体机电源插座	1	一体机数据接口	1	
	教室广播壁挂音箱	2	壁挂式音箱插座	2			
	电子班牌	1	电子班牌接线盒	1	电子班牌数据接口	1	
	无线 AP	1			无线 AP 数据接口	1	
	门禁点	1			门禁点数据接口	1	
照明系统	紫外线灯 （详见地方相关部门要求）	16	集中控制 （不在教室内设置开关面板）				
其他			配电箱（实验设备专用）	1			
备注	紫外线灯建议按每 10m² 设置一个 40W 的灯设计					

注：“标准配置项”适用于普通型学校项目，“宜选配置项”适用于提升型学校项目在满足标准项的情况下选择配置。

3.2.5 计算机教室

计算机教室设计要点:

（1）教室尺度宜控制开间为 11.7~14.4m、进深为 8.4~11.0m。

（2）教室净高应 ≥ 3.1m。

（3）计算机教室的使用面积建议为 100~130m²/ 间。

（4）计算机教室应附设一间 24m² 的辅助用房，供管理员工作及存放资料。

（5）单人计算机桌平面尺寸为 0.75mx0.65m，且前后桌间距不应小于 0.7m，课桌椅排距不应小于 1.35m，纵向走道净宽不应小于 0.7m。

（6）室内装修应采取防潮、防静电措施，并宜采用防静电架空地板，不得采用无导出静电功能的木地板或塑料地板。当采用地板采暖系统时，楼地面需采用与之相适应的材料及构造做法。

计算机教室效果示意图（效果以实际为准）

◆ **计算机教室指标配置**
Computer Room Index Configuration

净高	房间面积	间数	总面积
3.1m	100~130m²	—	—

◆ **计算机教室家具示意图**
Schematic Diagram of Computer Classroom Furniture

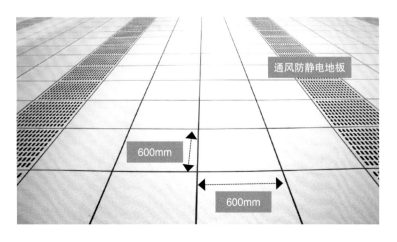

通风防静电地板

600mm

600mm

完成高度为 0.1~0.3m

（7）计算机教室应设置书写白板、投影器等不产生灰尘的媒体。

（8）师生计算机桌间应设置网线联系，供教学互动。网线设置于防静电架空地板内或楼地面垫层中预置的电缆槽内。兼作接受远程教育的教室时，应设置外网接口。

（9）教室内宜设置空调设施，达到调控温湿度的目的。

（10）为保证学生在操作时无直接眩光，应避免阳光或灯光直接照射在显示屏上。

◆ **计算机桌布置间距要求**
Layout and Spacing Requirements of Computer Table

类别	间距 A	间距 B	间距 C	间距 D
计算机教室	≥ 2200mm	≥ 1300mm	≥ 700mm	≥ 150mm（无走道） ≥ 600mm（有走道）

注：

1. 间距 A 为第一排实验桌前沿至前方黑板的水平距离。
2. 间距 B 为最后排座椅之后的横向疏散走道的宽度，即最后排实验桌的后沿与后墙面或固定家具的净距。
3. 间距 C 为实验室的中间纵向走道的宽度。
4. 间距 D 为沿墙布置的实验桌端部与墙面或壁柱、管道等墙面凸出物间的净距。当作为疏散走道时，净距不宜小于 600mm；当不预留走道时，净距则不宜小于 150mm，作为学生操作的摆幅范围。

◆ **计算机教室剖面示意图**
Section Diagram of Computer Classroom

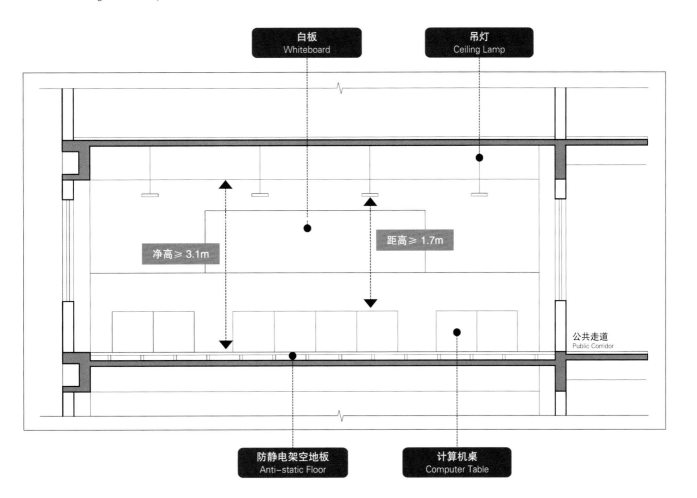

◆ **计算机教室平面图**
Computer Classroom Plan

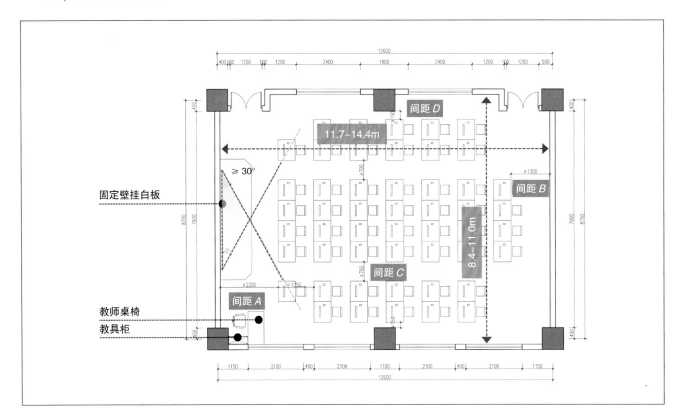

◆ **装修材料推荐配置**
Recommended Configuration of Decoration Materials

项目	中档	材料防火等级	高档	材料防火等级	要求燃烧性能等级
地面	架空防静电地板（HPL 贴面）	B1	架空防静电地板（瓷砖贴面）	B1	多层建筑≥ B
墙面	无机涂料墙面	A	穿孔吸音铝板	A	多层建筑≥ B1
天花	无机涂料顶棚 窗帘盒	A	轻钢龙骨石膏板顶棚 埃特板吊顶（600mm×600mm） 穿孔吸音铝板（600mm×600mm） 窗帘盒	A	≥ A
墙裙	无墙裙	—	金属墙裙	A	多层建筑≥ B1
	水性磁化墙膜	B1	PVC 墙裙板 室内阳角条	B1	
	瓷砖墙裙 陶板墙裙	A			
踢脚	瓷砖踢脚	A	金属踢脚	A	多层建筑≥ B1
			PVC 踢脚	B1	
门及门五金	钢门（天亮子）/2 扇 普通门锁 /2 套 金属把手 /2 套	—	成品实木防盗门 /2 扇 防盗门锁 /2 套 金属把手 /2 套	—	—
固定家具	固定储物柜	—	固定储物柜 清洁柜	—	—
灯具	T5 灯管灯盘	—	LED 灯盘 黑板灯 紫外线消毒灯	—	—
备注	各类小学的墙裙高度不宜低于 1.2m，各类中学的墙裙高度不宜低于 1.4m				

◆ **计算机教室机电配置示意图**
Electromechanical Configuration Diagram of Computer Classroom

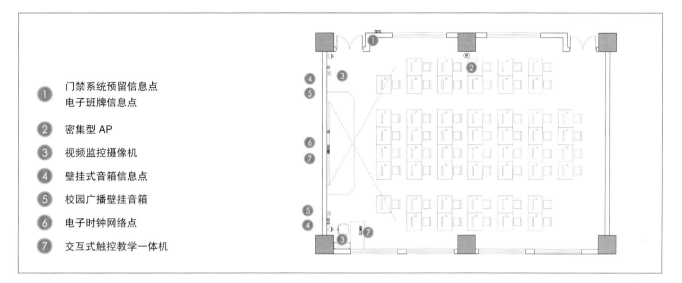

1 门禁系统预留信息点
电子班牌信息点

2 密集型 AP

3 视频监控摄像机

4 壁挂式音箱信息点

5 校园广播壁挂音箱

6 电子时钟网络点

7 交互式触控教学一体机

◆ **机电专业推荐配置**
Recommended Configuration of Electromechanical Discipline

项目	标准配置项						
	设备	建议数量	强电	建议数量	弱电	建议数量	备注
智能化系统	视频监控摄像机	1					
	校园广播壁挂音箱	2	壁挂式音箱插座	2			
	门禁点	1					
	交换机、机柜	1	交换机、机柜电源	1			
	网络插座	50	电源插座	100			
	网络信息口	4					
通风系统	冷暖型分体空调	4	空调插座（用于壁挂式空调）	4			
	吊扇	6	开关面板	6			
	排风机	2	排风机控制箱	2			
照明系统	课室灯（2×28w）	25	开关面板（两位）	2			
			开关面板（一位）	1			
	黑板灯	3	开关面板	1			
给排水系统	冷凝水接口	2					
其他			配电箱（照明、空调）	2			
			备用五孔插座	4			
备注	1. 表中关于灯具选型及数量的建议以中低档装修作为配置标准参考。若项目为高档装修时，需由装修专业根据实际的天花造型另行设计。 2. 1个网络插座按配套2个电源插座计算。 3. 吊扇若采用遥控形式，则不需要考虑设置开关面板						
项目	宜选配置项						
	设备	建议数量	强电	建议数量	弱电	建议数量	备注
智能化系统	电子班牌	1	电子班牌接线盒	1	电子班牌数据接口	1	
	电子时钟	1	电子时钟接线盒	1	电子时钟数据接口	1	
	无线 AP	1			无线 AP 数据接口	1	
	交互式触控教学一体机	1	一体机电源插座	1	一体机数据接口	1	
通风系统	换气扇	2	换气扇插座、开关	2			
照明系统	紫外线灯（详见地方相关部门要求）	12	集中控制（不在教室内设置开关面板）				
其他			配电箱（实验设备专用）	1			
备注	紫外线灯建议按每 10m² 设置一个 40W 的灯设计						

注："标准配置项"适用于普通型学校项目，"宜选配置项"适用于提升型学校项目在满足标准项的情况下选择配置。

3.2.6 音乐教室

音乐教室设计要点：

（1）教室尺度宜控制开间为 11.7~14.4m、进深为 8.4~11.0m。

（2）教室净高应满足小学 ≥ 3.0m、初中 ≥ 3.05m、高中 ≥ 3.1m 的要求 。

（3）音乐教室的使用面积建议为 100~130m²/ 间。各类小学中应有 1 间能容纳 45 座的唱游课音乐教室，且面积不宜小于 108m²（≥ 2.4m²/ 人）。

（4）中小学校应有 1 间音乐教室能满足合唱课教学的要求，宜在紧接后墙处设置 2~3 排阶梯式合唱台，每级高度宜为 0.2m、宽度宜为 0.6m。

（5）教室应设置五线谱黑板，讲台上应布置教师用琴的位置，并设置电教设备设施。

（6）教室的门窗应隔声，墙面及顶棚应采取吸声措施。

（7）音乐教室应附设乐器存放室。

音乐教室效果示意图（效果以实际为准）

◆ **音乐教室指标配置**
Music Classroom Index Configuration

净高	房间面积	间数	总面积
3.0~3.1m	100~130m²	—	—

◆ **音乐教室家具布局模式示意图**
Schematic Diagram of Furniture Layout Mode of Music Classroom

音乐教室（满足声乐教学）

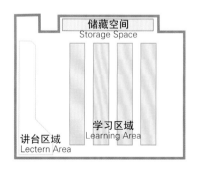

电子琴教室

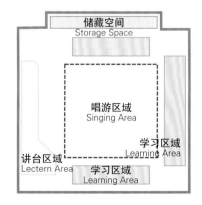

唱游课教室

◆ **音乐教室剖面示意图**
Section Diagram of Music Classroom

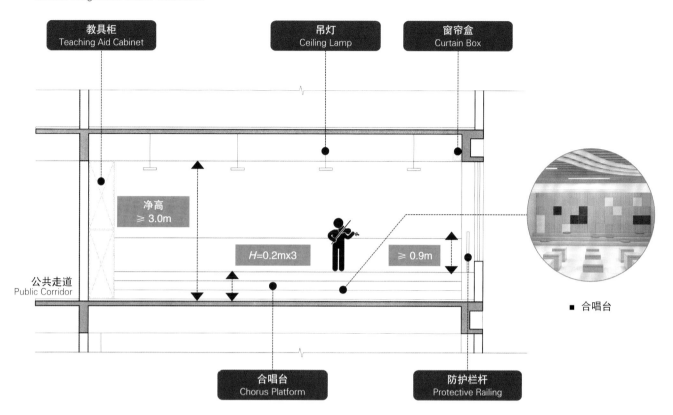

◆ **音乐教室平面图（声乐教学）**
Music Classroom Plan (Vocal Teaching)

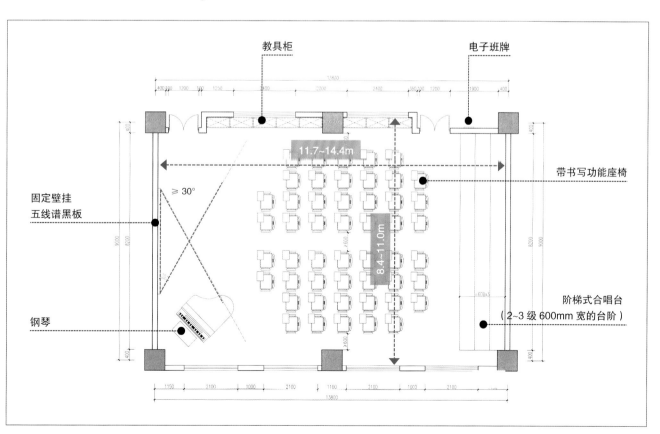

◆ **音乐教室平面图（唱游教学）**
Music Classroom Plan (Singing Teaching)

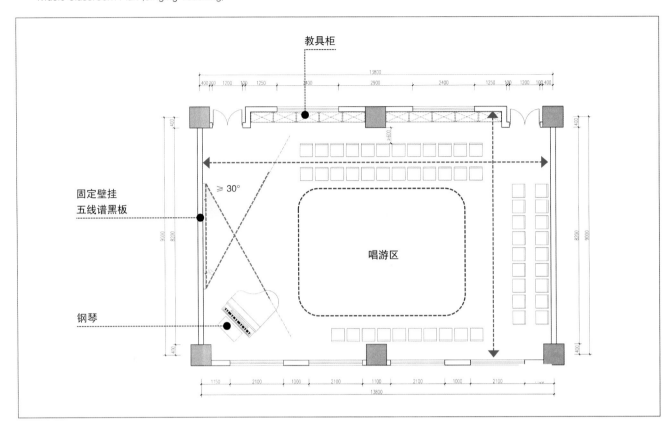

◆ **装修材料推荐配置**
Recommended Configuration of Decoration Materials

项目	中档	材料防火等级	高档	材料防火等级	要求燃烧性能等级
地面	PVC 地板胶	B1	实木复合地板	B1	多层建筑 ≥ B1
			门槛石材	A	
墙面	吸音涂料 复合木质吸音板	B1	织物吸声软包	B1	多层建筑 ≥ B1
			穿孔吸音铝板	A	—
天花	无机涂料顶棚 吸音涂料 玻璃棉吸音板 窗帘盒	A	轻钢龙骨石膏板顶棚 埃特板吊顶（600mm×600mm） 穿孔吸音铝板（600mm×600mm） 窗帘盒	A	≥ A
墙裙	无墙裙	—	织物吸声软包墙裙 PVC 墙裙板 室内阳角条	≥ B1	多层建筑 ≥ B1
	复合木质吸音墙裙板 吸音涂料墙裙	≥ B1			
踢脚	瓷砖踢脚	A	金属踢脚	A	多层建筑 ≥ B1
			PVC 踢脚	B1	
门及门五金	钢门（天亮子）/2 扇 普通门锁 /2 套 金属把手 /2 套	—	成品实木门（带观察窗、亮子）/2 扇 防盗门锁 /2 套 金属把手 /2 套	—	—
固定家具	固定储物柜	—	固定储物柜 清洁柜	—	—
灯具	T5 灯管灯盘	—	LED 灯盘 黑板灯 紫外线消毒灯	—	—
备注	各类小学的墙裙高度不宜低于 1.2m，各类中学的墙裙高度不宜低于 1.4m				

◆ 音乐教室机电配置示意图
Electromechanical Configuration Diagram of Music Classroom

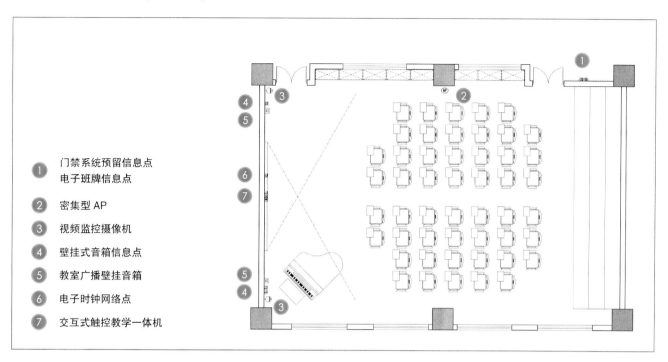

① 门禁系统预留信息点
　 电子班牌信息点

② 密集型 AP

③ 视频监控摄像机

④ 壁挂式音箱信息点

⑤ 教室广播壁挂音箱

⑥ 电子时钟网络点

⑦ 交互式触控教学一体机

◆ 机电专业推荐配置
Recommended Configuration of Electromechanical Discipline

项目	标准配置项						
	设备	建议数量	强电	建议数量	弱电	建议数量	备注
智能化系统	交互式触控教学一体机	1	一体机电源插座	1			
	教室广播壁挂音箱	2	壁挂式音箱插座	2			
	视频监控摄像机	1					
	校园广播壁挂音箱	2	壁挂式音箱插座	2			
	网络信息口	2					
通风系统	冷暖型分体空调	4	空调插座（用于壁挂式空调）	4			
	吊扇	9	开关面板	9			
照明系统	课室灯（2×28w）	24	开关面板（两位）	2			
	黑板灯	3	开关面板	1			
给排水系统	冷凝水接口	2					
其他			配电箱（照明、空调）	2			
			备用五孔插座	4			
备注	1. 表中关于灯具选型及数量的建议以中低档装修作为配置标准参考。若项目为高档装修时，需由装修专业根据实际的天花造型另行设计。 2. 吊扇若采用遥控形式，则不需要考虑设置开关面板						
项目	宜选配置项						
	设备	建议数量	强电	建议数量	弱电	建议数量	备注
智能化系统	电子班牌	1	电子班牌接线盒	1	电子班牌数据接口	1	
	电子时钟	1	电子时钟接线盒	1	电子时钟数据接口	1	
	无线 AP	1			无线 AP 数据接口	1	
	门禁点	1			门禁点数据接口	1	
通风系统	换气扇	1~2	换气扇插座、开关	1~2			
照明系统	紫外线灯 （详见地方相关部门要求）	19	集中控制 （不在教室内设置开关面板）				
备注	紫外线灯建议按每 10m² 设置一个 40W 的灯设计						

注："标准配置项"适用于普通型学校项目，"宜选配置项"适用于提升型学校项目在满足标准项的情况下选择配置。

3.2.7 美术教室

美术教室设计要点：

（1）教室尺度宜控制开间为 11.7~14.4m、进深为 8.4~11.0m。

（2）教室净高应满足小学≥ 3.0m、初中≥ 3.05m、高中≥ 3.1m 的要求。

（3）美术教室的使用面积建议为 100~130m²/ 间。中学美术教室空间宜满足可容纳一个班的画架写生要求。
当学生写生时的座椅为画凳时，所占面积宜为 2.15m²/ 人，用画架时所占面积宜为 2.5m²/ 人。

（4）教室应附设教具储藏室，宜设美术作品及学生作品陈列室或展览廊。

（5）美术教室应有良好的北向天然采光，当采用人工照明时，应避免眩光。

（6）室内应安装电教设备及窗帘、水池等，墙面及顶棚应为白色，且墙面应易于清洗。当设置现代艺术课室时，
其墙面及顶棚应采取吸声措施。

（7）美术教室内应配置挂镜线，挂镜线宜设高低两组。

美术教室效果示意图（效果以实际为准）

◆ **美术教室指标配置**
Art Classroom Index Configuration

净高	房间面积	间数	总面积
3.0~3.1m	100~130m²	—	—

◆ **美术教室剖面示意图**
Section Diagram of Art Classroom

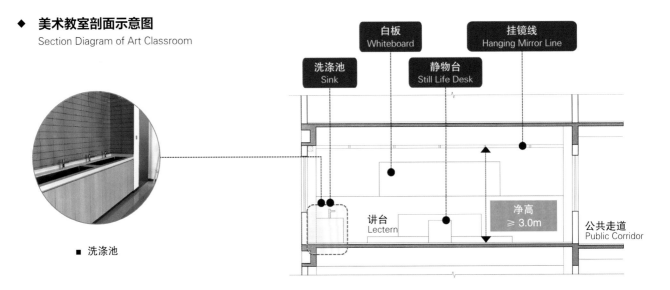

■ 洗涤池

◆ **美术教室平面图**
Art Classroom Plan

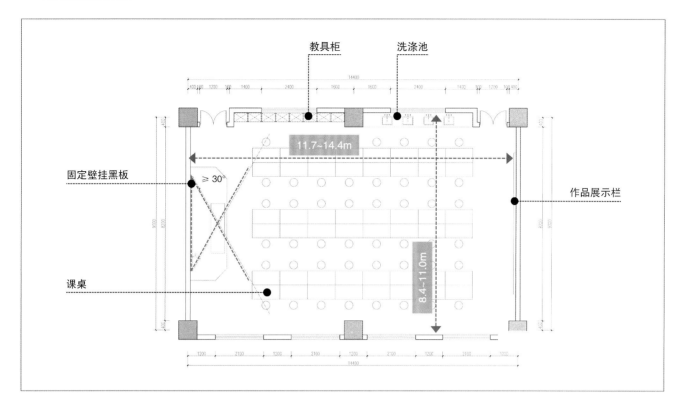

◆ **装修材料推荐配置**
Recommended Configuration of Decoration Materials

项目	中档	材料防火等级	高档	材料防火等级	要求燃烧性能等级
地面	防滑地砖 预制水磨石	A	PVC 地板胶	B1	多层建筑 ≥ D2
			门槛石材	A	
墙面	乳胶漆墙面	B1	耐污涂料	B1	多层建筑 ≥ B1
天花	无机涂料顶棚 窗帘盒	A	轻钢龙骨石膏板顶棚 埃特板吊顶（600mm×600mm） 穿孔吸音铝板（600mm×600mm） 窗帘盒	A	≥ A
墙裙	无墙裙	—	瓷砖墙裙	A	多层建筑 ≥ B1
	水性磁化墙膜	B1	木饰面墙裙 PVC 墙裙板 室内阳角条	B1	
踢脚	瓷砖踢脚	A	金属踢脚	A	多层建筑 ≥ B1
			木踢脚 PVC 踢脚	B1	
门及门五金	钢门（天亮子）/2 扇 普通门锁 /2 套 金属把手 /2 套	—	成品实木门（带观察窗、亮子）/2 扇 防盗门锁 /2 套 金属把手 /2 套	—	—
固定家具	固定储物柜	—	固定储物柜 清洁柜 洗手盆	—	—
灯具	T5 灯管灯盘	—	LED 灯盘 黑板灯 紫外线消毒灯	—	—
备注	各类小学的墙裙高度不宜低于 1.2m，各类中学的墙裙高度不宜低于 1.4m				

◆ **美术教室机电配置示意图**
Electromechanical Configuration Diagram of Art Classroom

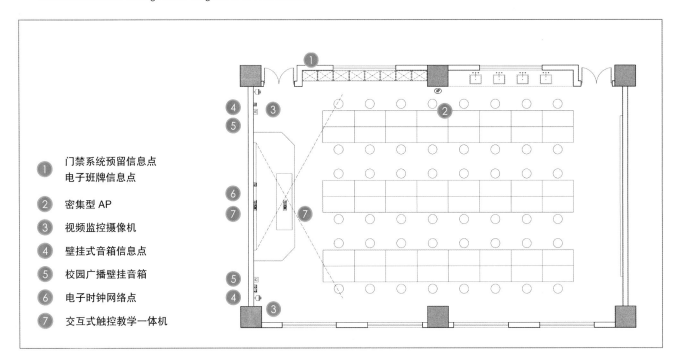

① 门禁系统预留信息点
　电子班牌信息点

② 密集型 AP

③ 视频监控摄像机

④ 壁挂式音箱信息点

⑤ 校园广播壁挂音箱

⑥ 电子时钟网络点

⑦ 交互式触控教学一体机

◆ **机电专业推荐配置**
Recommended Configuration of Electromechanical Discipline

项目	标准配置项						
	设备	建议数量	强电	建议数量	弱电	建议数量	备注
智能化系统	视频监控摄像机	1					
	校园广播壁挂音箱	2	壁挂式音箱插座	2			
	网络信息口	2					
通风系统	冷暖型分体空调	3	空调插座（用于壁挂式空调）	3			
	吊扇	6	开关面板	6			
照明系统	课室灯（2×28w）	25	开关面板（两位）	2			
			开关面板（一位）	1			
	黑板灯	3	开关面板	1			
给排水系统	冷凝水接口	2					
	给水接口、排水接口	1					
其他			配电箱（照明、空调）	2			
			备用五孔插座	4			
备注	1. 表中关于灯具选型及数量的建议以中低档装修作为配置标准参考。若项目为高档装修时，需由装修专业根据实际的天花造型另行设计。 2. 吊扇若采用遥控形式，则不需要考虑设置开关面板						

项目	宜选配置项						
	设备	建议数量	强电	建议数量	弱电	建议数量	备注
智能化系统	交互式触控教学一体机	1	一体机电源插座	1	一体机接口	1	
	教室广播壁挂音箱	2	壁挂式音箱插座	2			
	电子班牌	1	电子班牌接线盒	1	电子班牌数据接口	1	
	无线 AP	1			无线 AP 数据接口	1	
	门禁点	1			门禁点数据接口	1	
通风系统	换气扇	1~2	换气扇插座、开关	1~2			
照明系统	紫外线灯 （详见地方相关部门要求）	19	集中控制 （不在教室内设置开关面板）				
备注	紫外线灯建议按每 10m² 设置一个 40W 的灯设计						

注：“标准配置项”适用于普通型学校项目，“宜选配置项”适用于提升型学校项目在满足标准项的情况下选择配置。

3.2.8 舞蹈教室

舞蹈教室设计要点:

（1）教室尺度宜控制开间为 13.2~14.4m、进深为 13.2~16.2m。

（2）教室净高应 ≥ 4.5m，作为自由体操、艺术体操及武术场地用途的净高应 ≥ 8.0m。

（3）舞蹈教室的使用面积建议为 160~230m²/ 间，每个学生的使用面积不宜小于 6.0m²。

（4）舞蹈教室应按男女学生分班上课的需要设置，并应附设更衣室，宜附设卫生间、浴室和器材储藏室。

舞蹈教室效果示意图（效果以实际为准）

◆ **舞蹈教室指标配置**
Dancing Hall Index Configuration

净高	房间面积	间数	总面积
4.5~8.0m	160~230m²	—	—

◆ **舞蹈教室附属用房布局示意图**
Schematic Diagram of Auxiliary Room of Dancing Hall

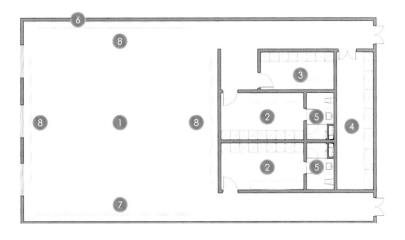

1　舞动区

2　学生更衣室

3　教师更衣室

4　乐器存放室

5　卫生间

6　镜子

7　固定可升降把杆

8　移动把杆

（5）教室内应在与采光窗相垂直的一面墙上设置通长镜面，镜面含镜座总高度不宜小于 2.1m，镜座高度宜
　　 ≤ 0.3m。镜面两侧的墙上及后墙上应装设可升降的把杆，镜面上宜装设固定把杆。把杆高度为 0.65~0.9m，
　　 把杆与墙间的净距不应小于 0.4m。

（6）舞蹈教室宜采用木地板，设置带防护网的吸顶灯，采暖等各种设施应暗装。

（7）当学校有地方或民族舞蹈课时，舞蹈教室设计宜满足其特殊需要。

◆ **舞蹈教室剖面示意图**
Section Diagram of Dancing Hall

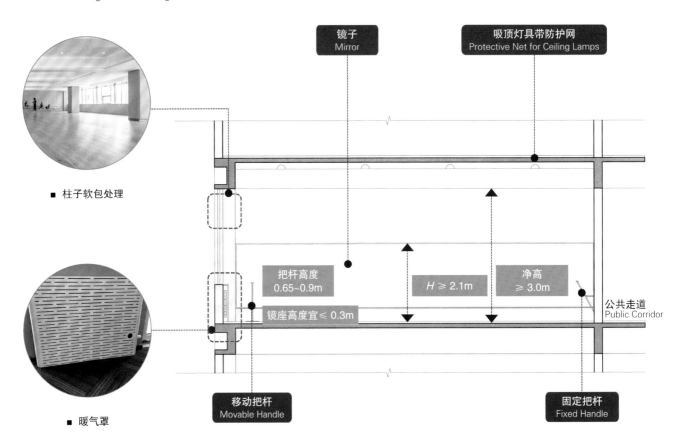

■ 柱子软包处理

■ 暖气罩

◆ **体操、武术场地的尺寸要求**
Size Requirements for Gymnastic and Martial Arts Venues

类别	场地长 L	场地宽 H	最小安全宽度	净高
自由体操场地	≥ 12m	≥ 12m	≥ 1m	≥ 8m
艺术体操场地	≥ 13m	≥ 13m	≥ 4m	≥ 8m
武术场地	≥ 14m	≥ 8m	≥ 2m	≥ 8m

注：当舞蹈教室需满足自由体操、艺术体操及武术场地的教学要求时，教室的平面尺寸除满足场地长宽要求外，应结合最小安全宽度要求，合理增加平面的开间、进深尺寸。

◆ **舞蹈教室平面图**
Dancing Hall Plan

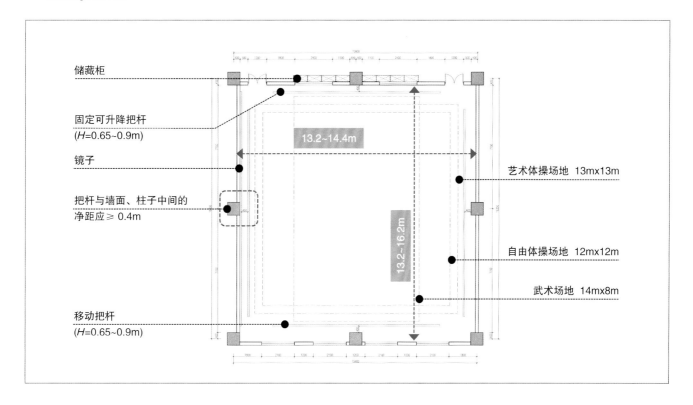

储藏柜

固定可升降把杆
(*H*=0.65~0.9m)

镜子

把杆与墙面、柱子中间的
净距应≥ 0.4m

移动把杆
(*H*=0.65~0.9m)

13.2~14.4m

13.2~16.2m

艺术体操场地　13m×13m

自由体操场地　12m×12m

武术场地　14m×8m

◆ **装修材料推荐配置**
Recommended Configuration of Decoration Materials

项目	中档	材料防火等级	高档	材料防火等级	要求燃烧性能等级
地面	运动地板胶	B1	运动木地板	B1	多层建筑≥ B2
墙面	银镜	A	复合木质吸音板	B1	多层建筑≥ B1
	吸音涂料 乳胶漆墙面	B1	银镜 穿孔吸音铝板	A	
天花	无机涂料顶棚 吸音涂料 玻璃棉吸音板 窗帘盒	A	轻钢龙骨石膏板顶棚 埃特板吊顶（600mm×600mm） 穿孔吸音铝板（600mm×600mm） 窗帘盒	A	≥ A
墙裙	水性磁化墙膜	B1	瓷砖墙裙	A	多层建筑≥ B1
			木饰面墙裙 PVC 墙裙板 室内阳角条	B1	
踢脚	无脚线 瓷砖踢脚	A	金属踢脚	A	多层建筑≥ B1
			木踢脚	B1	
门及门五金	双开玻璃地弹门 /2 扇 地锁 /2 套 金属把手 /2 套	—	双开成品实木门 /2 扇 防盗门锁 /2 套 金属把手 /2 套	—	—
固定家具	练功把杆	—	练功把杆 设备柜	—	—
灯具	T5 灯管灯盘	—	轨道灯 紫外线消毒灯 筒灯 LED 面板灯	—	—
备注	各类小学的墙裙高度不宜低于 1.2m，各类中学的墙裙高度不宜低于 1.4m				

◆ **舞蹈教室机电配置示意图**
Electromechanical Configuration Diagram of Dancing Hall

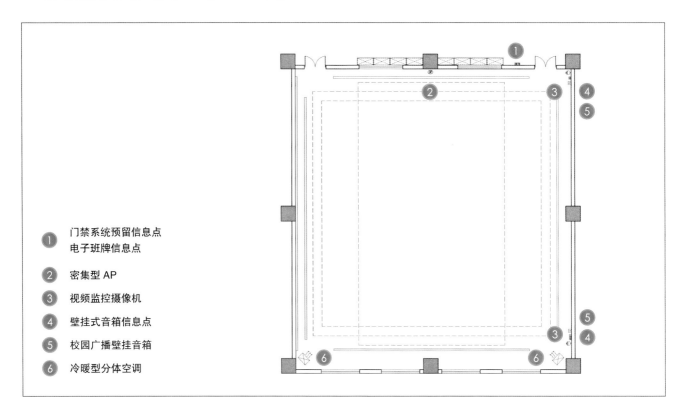

① 门禁系统预留信息点
   电子班牌信息点

② 密集型 AP

③ 视频监控摄像机

④ 壁挂式音箱信息点

⑤ 校园广播壁挂音箱

⑥ 冷暖型分体空调

◆ **机电专业推荐配置**
Recommended Configuration of Electromechanical Discipline

项目	标准配置项						
	设备	建议数量	强电	建议数量	弱电	建议数量	备注
智能化系统	视频监控摄像机	1					
	校园广播壁挂音箱	2	壁挂式音箱插座	2			
	网络信息口	2					
通风系统	冷暖型分体空调	4	空调插座（用于壁挂式空调）	4			
	吊扇	9	开关面板	9			
照明系统	课室灯（2×28w）	24	开关面板（两位）	2			
给排水系统	冷凝水接口	2					
其他			配电箱（照明、空调）	2			
			备用五孔插座	4			
备注	1. 表中关于灯具选型及数量的建议以中低档装修作为配置标准参考。若项目为高档装修时，需由装修专业根据实际的天花造型另行设计。 2. 吊扇若采用遥控形式，则不需要考虑设置开关面板						
项目	宜选配置项						
	设备	建议数量	强电	建议数量	弱电	建议数量	备注
智能化系统	交互式触控教学一体机	1	一体机电源插座	1	一体机接口	1	
	教室广播壁挂音箱	2	壁挂式音箱插座	2			
	电子班牌	1	电子班牌接线盒	1	电子班牌数据接口	1	
	无线 AP	1			无线 AP 数据接口	1	
	门禁点	1			门禁点数据接口	1	
通风系统	换气扇	1~2	换气扇插座、开关	1~2			
照明系统	紫外线灯 （详见地方相关部门要求）	19	集中控制 （不在教室内设置开关面板）				
备注	紫外线灯建议按每 10m² 设置一个 40W 的灯设计						

注：“标准配置项”适用于普通型学校项目，“宜选配置项”适用于提升型学校项目在满足标准项的情况下选择配置。

3.3 合班教室

合班教室设计要点:

（1）教室尺度宜控制开间为 14.4~17.4m、进深为 12.9~16.8m。

（2）教室净高应≥3.1m，当采用阶梯教室的形式时，最后一排（楼地面最高处）距顶棚或上方凸出物距离应≥2.2m。

（3）各类小学宜配置能容纳 2 个班的合班教室，各类中学宜配置能容纳 1 个年级或半个年级的合班教室，容纳 3 个班及以上的合班教室应设计为阶梯教室。阶梯教室梯级高度依据视线升高值确定，阶梯教室的设计视点应定位于黑板底边缘的中点处。前后排座位错位布置时，视线的隔排升高值宜为 0.12m。

合班教室效果示意图（效果以实际为准）

◆ **合班教室指标配置**
Combined-teaching Classroom Index Configuration

净高	房间面积	间数	总面积
≥ 3.1m，且最后一排净高应≥ 2.2m	100~360m²	—	—

◆ **合班教室家具布局模式示意图**
Schematic Diagram of Furniture Layout Mode of Combined-teaching Classroom

（4）合班教室课桌椅的布置应符合下列规定：

① 每个座位的宽度应 ≥ 0.55m，小学座位排距应 ≥ 0.85m，中学座位排距应 ≥ 0.9m；

② 教室最前排座椅前沿与前方黑板间的水平距离不应小于 2.5m，最后排座椅的前沿与前方黑板间的水平距离不应大于 18.0m；

③ 纵向、横向走道宽度均不应小于 0.9m，当座位区内有贯通的纵向走道时，若设置靠墙纵向走道，靠墙走道宽度可调整为 ≥ 0.6m；

④ 最后排座位之后应设宽度不小于 0.6m 的横向疏散走道；

⑤ 前排边座座椅与黑板远端间的水平视角不应小于 30°。

（5）当小学教室长度超过 9.0m、中学教室长度超过 10.0m 时，宜在顶棚上或墙、柱上加设显示屏，学生的视线在水平方向上偏离屏幕中轴线的角度应 ≤ 45°，垂直方向上的仰角应 ≤ 30°。

（6）当教室内自前向后每 6.0~8.0m 设 1 个显示屏时，最后排座位与黑板间的距离应 ≤ 24.0m。

（7）合班教室墙面及顶棚应采取吸声措施，混响时间应 ≤ 0.8s。

（8）教室内设置视听器材时，宜设置转暗设备，并宜设置座位局部照明设施。

◆ **长方形标准合班教室面积要求**
Area Requirements for Rectangular Combined-teaching Classroom

类别	小学			中学		
规模（班级数量）	2 班	3 班	4 班	2 班	4 班	8 班
座位数（座）	90	135	180	100	200	400
估算建筑面积	108m²	140m²	172m²	120m²	213m²	360m²

◆ **合班教室剖面示意图**
Section Diagram of Combined-teaching Classroom

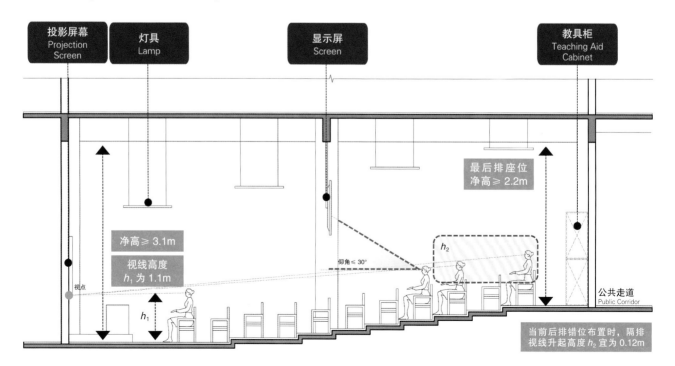

◆ **合班教室平面图**
Combined-teaching Classroom Plan

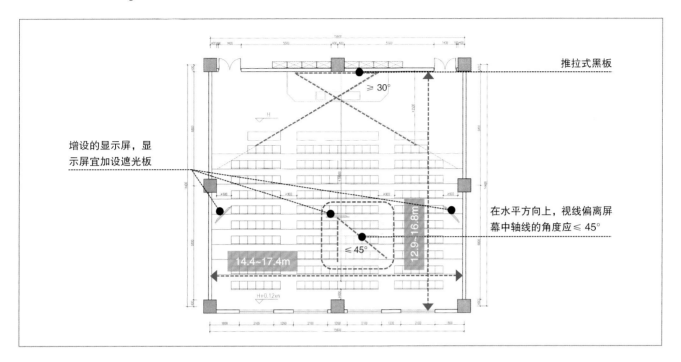

◆ **装修材料推荐配置**
Recommended Configuration of Decoration Materials

项目	中档	材料防火等级	高档	材料防火等级	要求燃烧性能等级
地面	防滑地砖 预制水磨石	A	PVC 胶地板 实木复合地板 地毯	B1	多层建筑 ≥ B2
			门槛石材	A	
墙面	乳胶漆墙面 吸音涂料	B1	穿孔吸音铝板	A	多层建筑 ≥ B1
			织物吸声软包 复合木质吸音板	B1	
天花	无机涂料顶棚 吸音涂料 窗帘盒	A	轻钢龙骨石膏板顶棚 埃特板吊顶（600mm×600mm） 穿孔吸音铝板（600mm×600mm） 窗帘盒	A	≥ A
墙裙	无墙裙	—	木饰面墙裙 PVC 墙裙板 室内阳角条	B1	多层建筑 ≥ B1
	瓷砖墙裙 陶板墙裙	A			
踢脚	瓷砖踢脚	A	金属踢脚	A	多层建筑 ≥ B1
			木踢脚 PVC 踢脚	B1	
门及门五金	钢门（天亮子）/2 扇 普通门锁 /2 套 金属把手 /2 套	—	成品实木吸音门（带观察窗）/2 扇 防盗门锁 /2 套 金属把手 /2 套	—	—
固定家具	固定储物柜	—	固定储物柜 清洁柜 设备柜	—	—
灯具	T5 灯管灯盘	—	LED 灯盘 紫外线消毒灯 筒灯 LED 灯带	—	—
备注	各类小学的墙裙高度不宜低于 1.2m，各类中学的墙裙高度不宜低于 1.4m				

◆ **合班教室机电配置示意图**
Electromechanical Configuration Diagram of Combined-teaching Classroom

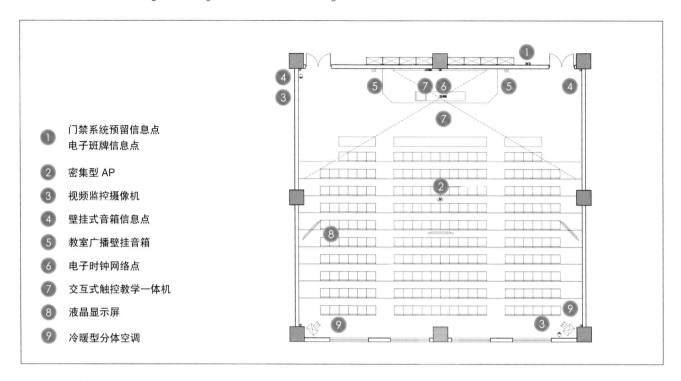

① 门禁系统预留信息点
  电子班牌信息点

② 密集型 AP

③ 视频监控摄像机

④ 壁挂式音箱信息点

⑤ 教室广播壁挂音箱

⑥ 电子时钟网络点

⑦ 交互式触控教学一体机

⑧ 液晶显示屏

⑨ 冷暖型分体空调

◆ **机电专业推荐配置**
Recommended Configuration of Electromechanical Discipline

项目	标准配置项						
	设备	建议数量	强电	建议数量	弱电	建议数量	备注
智能化系统	投影机 + 投影幕	1	投影机插座或接线盒	1			
	教室广播壁挂音箱	4	壁挂式音箱插座	4			
	校园广播壁挂音箱	4	壁挂式音箱插座	4			
	视频监控摄像机	2					
	网络信息口	2					
通风系统	冷暖型分体空调	4	空调插座（用于壁挂式空调）	4			
	吊扇	9	开关面板	9			
照明系统	课室灯（2×28w）	24	开关面板（两位）	2			
	黑板灯（根据实际设置）	3	开关面板	1			
给排水系统	冷凝水接口	2					
其他			配电箱（照明、空调）	2			
			备用五孔插座	4			
备注	1. 表中关于灯具选型及数量的建议以中低档装修作为配置标准参考。若项目为高档装修时，需由装修专业根据实际的天花造型另行设计。 2. 吊扇若采用遥控形式，则不需要考虑设置开关面板						

项目	宜选配置项						
	设备	建议数量	强电	建议数量	弱电	建议数量	备注
智能化系统	电子班牌	1	电子班牌接线盒	1	电子班牌数据接口	1	
	无线 AP	2			无线 AP 数据接口	2	
	门禁点	1			门禁点数据接口	1	
	液晶电视	4	电视电源插座	4	电视接口	4	
通风系统	换气扇	1~2	换气扇插座、开关	1~2			
照明系统	紫外线灯 （详见地方相关部门要求）	19	集中控制 （不在教室内设置开关面板）				
备注	紫外线灯建议按每 10m² 设置一个 40W 的灯设计						

注：“标准配置项”适用于普通型学校项目，“宜选配置项”适用于提升型学校项目在满足标准项的情况下选择配置。

3.4 项目定档控制原则

◆ **项目定档控制原则要素分析**
Analysis on the Principles and Elements of Project Grading Control

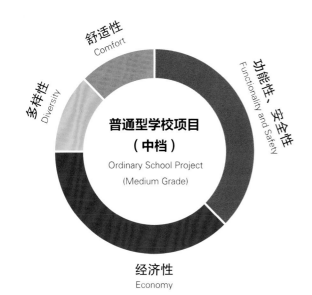

控制项原则	普通型学校项目（中档）	提升型学校项目（高档）
功能性、安全性	符合国家及当地建设标准及安全方面的基本要求，功能侧重均好性	在满足基本要求后，根据项目条件提升与优化功能组成，增加多元丰富的素质教育空间
经济性	整体规划布局合理、紧凑，装修、景观及机电配置经济适用	整体规划布局舒适、层次丰富，装修、景观及机电配置高档舒适
舒适性	教室等空间尺度合理、紧凑，教学设施满足基本要求	教室等空间尺度宽敞，整体空间感受舒适，教学设施丰富完善
多样性	采用常规的空间形式，优先考虑建设的经济性原则	教学用房的功能及空间形式呈多元化、趣味性强

◆ **项目定档控制原则**
The Principles of Project Grading Control

	类别	普通型学校项目 （中档）	提升型学校项目 （高档）
1	生均用地面积	9~12m² （小学） 11~13m² （中学）	12~18m² （小学） 16~23m² （中学）
2	生均建筑面积	7~8m² （小学） 9~10.5m² （中学）	8~11m² （小学） 10~11m² （中学）
		注：小学 12 班规模的生均建筑面积取值 10 m²	—
3	建筑布置	建筑布局紧凑，形态规则	建筑布局自由灵活，空间场所丰富多元、舒适宜人
4	体育场地布置	满足国家及地方的建设标准要求	可选择性设置体能训练类、拓展类和益智类体育设施，并根据项目条件增设室外网球场、室内（外）游泳池等活动场地
5	教学用房	满足国家及地方的建设标准要求	可选择性设置特殊功能教室，如机器人实验室、人工智能实验室、天文教室、航天与遥感实验室等用房
6	教辅用房	满足国家及地方的建设标准要求	根据项目条件增设小剧场、社团工作室、心理活动室等
7	公共空间	满足国家及地方规范对环境安全、通行与疏散的要求	根据项目条件增设活动平台、架空层活动区、公共廊道、屋顶花园等公共空间
8	地下空间	满足项目规划、人防的相关要求	根据项目条件增设地下接送空间和接送临时停车位
9	建筑立面	建筑立面简洁，外立面材料以涂料、面砖为主	建筑立面层次丰富，外立面材料的选择多
10	装修	普通装修	主要公共空间和教学用房为精装修设计，有校园标识系统专项设计
11	景观	满足项目规划规定的绿化率指标，景观以绿化为主，植物配置选择少	景观绿化层次丰富，可选择性设置交互体验式的空间场所、景观装置小品、雕塑等设施，植物配置选择多
12	设备	满足国家及地方有关规范和建设标准要求	根据项目条件选择性采用窗式通风器、防眩灯具、电子班牌、访客系统等设施

注：
1. "普通型学校项目（中档）"是指在满足基本建设标准的要求外，应在有限的用地空间等外部条件下，尽量保障项目的品质，创造更多的价值。
2. "提升型学校项目（高档）"是指在满足建设基本要求的基础上，根据具体项目的特殊要求和投资估算，选择性地增加某些建设内容，通过丰富校园空间场所、改善校园环境、提升管理系统等方面打造人文校园。

Humanization and Precise Design in School

4

CHAPTER IV

4.1 方案设计管控要点

◆ **方案设计管控要点构成**
Composition of Control Points of Scheme Design

方案设计阶段
Scheme Design Stage

项目指标	总平面	建筑单体	景观设计	技术管理
Project Indicators	General Layout	Building Unit	Landscape Design	Technical Management
用地面积指标 规划指标 建筑面积指标	建筑退让 建筑布置 体育场地布置 道路及广场布置 交通组织 竖向设计	教学及辅助用房 行政办公用房 生活服务用房	绿化用地 空间场所 景观小品	成本控制 项目管控

◆ **方案设计管控要点**
Control Points of Scheme Design

中小学建筑方案设计管控要点			
控制要点项	子项		具体内容
（一）项目指标	用地面积指标	—	校园用地面积指标应满足国家和地方规范及建设标准的相关规定。有条件时，宜考虑预留发展用地
	规划指标	—	复核项目的容积率、建筑高度、建筑密度、绿地率等规划指标，应符合项目规划条件的规定
	建筑面积指标	功能用房面积	主要教学用房与辅助用房的使用面积应满足国家(详见《中小学校设计规范》《 GB 50099—2011)、《城市普通中小学校校舍建设标准》（〔2002〕102 号）的内容）和地方规范及建设标准的相关规定要求
		地下室面积	当项目配建地下室时，应按 ≤ 40m²/ 车位预估地下室总建筑面积，严格控制项目的建设成本。当项目地下停车位总数量 < 100 时，地下室的停车效率可适当调整为 ≤ 45m²/ 车位
（二）总平面	建筑退让	退让红线	建筑应满足国家和地方规范的相关退让（退让用地红线、道路红线、蓝线、绿线等）规定要求
		安全防护距离	高压电线、长输天然气管道、输油管道严禁穿越或跨越学校校园。当在学校周边敷设时，安全防护距离及防护措施应满足国家（详见《电力设施保护条例》（2011 修订版）的内容）和地方规范的相关要求
			变电站内建（构）筑物与设备与学校建筑物的防火间距应符合《火力发电厂与变电站设计防火标准》(GB 50229—2019) 第 11.1.5 条的规定要求，并符合地方规范的要求
		防噪间距	学校主要教学用房设置窗户的外墙与铁路路轨的距离不应小于 300m，与高速路、地上轨道交通线或城市主干道的距离不应小于 80m。当距离不足时，应采取有效的隔声措施
	建筑布置	功能分区	各建筑、各用地应按功能分区明确，符合动静分区、洁污分区合理的要求
		建筑规模	小学的主要教学用房不应设在 4 层以上，中学的主要教学用房不应设在 5 层以上
		建筑布局	建筑除满足节约高效布置外，宜根据学生的行为特点，创造更丰富的教学与游乐空间，空间布局宜注重灵活性、趣味性等要求
			食堂不应与教学用房合并设置，宜设在校园的下风向，且厨房的噪声及排放的油烟、气味不得影响教学环境
			种植园及小动物饲养园宜设置在校园的下风向，且不得污染水源和周边环境
		建筑间距	建筑间距应符合地方规范的要求
			应满足防噪间距要求，各类教室的外窗与相对的教学用房或室外运动场地边缘间的距离不应小于 25m

续表

控制要点项	子项		具体内容
（二）总平面	建筑布置	日照要求	普通教室冬至日满窗日照时间应满足不少于 2h 的要求
			实验室的朝向宜为南或东南，满足至少应有 1 间科学教室或生物实验室的室内能在冬季获得直射阳光的要求，并在有阳光直射的一侧设置室外阳台或宽度不小于 0.35m 的室内窗台，以放置盆栽植物
		建筑朝向	教学用房以朝南向和东南向为主，以获得冬季良好的日照环境
			建筑主面应避开冬季主导风向，有效阻挡寒风；同时建筑主面应迎向夏季主导风向，有效组织校园气流，实现低能耗通风换气
			化学实验室、化学药品室的朝向不宜为西或西南
			美术教室应有良好的北向天然采光
			卫生室（保健室）的朝向宜为南
	体育场地布置	场地布置	室外田径及足球、篮球、排球等各种球类场地的长轴宜南北向布置，长轴南偏东宜小于 20°、南偏西宜小于 10°
			田径及球类场地等的配置（配置环道、篮球场、排球场等内容）应满足国家（详见《中小学校体育设施技术规程》（JGJ/T 280—2012）的内容）和地方规范的相关要求
	道路及广场布置	校园出入口	校园出入口应与城市道路衔接，但不应与城市主干道连接
			机动车出入口与城市主干路交叉口的距离应满足自道路红线交叉点起 ≥ 70.0m 的要求，同时应符合地方规范的相关要求，从严执行
			校园出入口与周边相邻基地机动车出入口的距离应 ≥ 20m
			校园出入口的数量应不小于 2
			校园出入口的布置应避免人流、车流交叉，有条件时，宜设置机动车专用出入口
		广场布置	校园主入口处应设校前小广场，起缓冲及接送作用
			中小学校应在校园的显要位置设置升国旗场地
		道路宽度	校园的消防车道净宽度与净高度均应 ≥ 4m
			校园车行道的宽度应满足双车道 ≥ 7m、单车道 ≥ 4m 的要求
			校园人行道的宽度应根据该段道路通达的建筑物容纳人数之和，按 0.7m/ 百人计算所得，且道路宽度宜 ≥ 3m
	交通组织	流线组织	应合理考虑校园各流线（学生流线、教师流线、后勤流线、车行流线等）的组织，实现人车分流，便捷高效且互不干扰
		安全要求	校园内停车场出入口、地上或地下车库出入口，不应直接通向师生人流集中的道路
	竖向设计	—	应充分考虑场地原有的地形、地貌条件，合理进行竖向设计，体现科学性、经济性且遵照绿色设计的原则
（三）建筑单体	教学用房及教学辅助用房	普通教室、教师休息室	为满足采光通风要求，教学楼宜为单内廊或外廊的形式，对教室天然采光要求高的教学用房应避免采用中内廊
			教学用房宜避免东西向暴晒眩光，宜双向采光，光线应以自学生座位左侧射入的光为主
			教师休息室宜与普通教室同层设置。各专用教室宜与其教学辅助用房成组布置
		科学教室、实验室	科学教室和实验室均应附设仪器室、实验员室、准备室
			化学实验室宜设在建筑首层，并应附设药品室、仪器室、实验员室、准备室
			当学校配置 2 个及以上物理实验室时，其中 1 个应为力学实验室。光学、热学、声学、电学等实验可共用同一实验室，并应配置各实验所需的设备和设施
			当学校有 2 个生物实验室时，生物显微镜观察实验室和解剖实验室宜分别设置
		史地教室	史地教室应附设历史教学资料储藏室、地理教学资料储藏室，以及陈列室或陈列廊
		计算机教室	计算机教室应附设 1 间辅助用房供管理员工作及存放资料
		语言教室	语言教室应附设视听教学资料储藏室
		美术、书法教室	美术教室应附设教具储藏室，宜设美术作品及学生作品陈列室或展览廊
			书法教室可附设书画储藏室
		音乐教室	音乐教室应附设乐器存放室
		舞蹈教室	舞蹈教室应附设更衣室，宜附设卫生间、浴室和器材储藏室

控制要点项	子项		具体内容
（三）建筑单体	教学用房及教学辅助用房	体育设施	风雨操场应附设体育器材室，也可与操场共用一个体育器材室
		合班教室	小学宜配置能容纳 2 个班的合班教室。当合班教室兼用于唱游课时，室内不应设置固定课桌椅，并应附设课桌椅存放空间。中学宜配置能容纳 1 个年级或半个年级的合班教室
			容纳 3 个班及以上的合班教室应按视线升高值设计为阶梯教室，以保证每一个学生都能清晰地获得授课内容
			合班教室宜附设 1 间辅助用房，储存常用教学器材
		图书室	图书室应位于学生出入方便、环境安静的区域
			教师与学生的阅览室宜分开设置。中小学校的报刊阅览室可以独立设置，也可以在图书室内的公共交流空间设报刊架，开架阅览
		学生活动室	学生活动室的数量及面积宜依据学校的规模、办学特色和建设条件设置。有条件时，可考虑设置 STEAM 教室
		体质测试室	体质测试室宜设在风雨操场或医务室附近，并宜设为相通的 2 间，且宜附设可容纳 1 个班的等候空间
		心理咨询室	心理咨询室宜分设为相连通的 2 间，其中有 1 间宜能容纳沙盘测试，其平面尺寸不宜小于 4.0m×3.4m。心理咨询室可附设能容纳 1 个班的心理活动室
		德育展览室	德育展览室宜设在校门附近或主要教学楼入口处，也可设在会议室、合班教室附近，或在学生经常经过的走道处附设展览廊；可与其他展览空间合并或连通
		任课教师办公室	任课教师办公室应包括年级组教师办公室和各课程教研组办公室。年级组教师办公室宜设置在该年级普通教室附近。课程有专用教室时，该课程教研组办公室宜与专用教室成组设置。其他课程教研组办公室可集中设置于行政办公室或图书室附近
	行政办公用房	主要行政办公用房	校务办公室宜设置在与全校师生易于联系的位置，并宜靠近校门
			教务办公室宜设置在任课教师办公室附近
			总务办公室宜设置在学校的次要出入口或食堂、维修工作间附近
			广播室的窗应面向全校学生做课间操的操场
			总务仓库及维修工作间宜设在校园的次要出入口附近，其运输及噪声不得影响教学环境的质量和安全
		安防监控中心	中小学校设计应依据使用和管理的需要设置安防监控中心。安防工程的设置应符合《安全防范工程技术标准》（GB 50348—2018）的有关规定要求
		晨检室（广场）	校园的主入口处宜根据学校使用方的防疫要求设置晨检室、保健观察室等功能房间。当项目条件有限时，可在主入口处预留一定的广场空间，以便合理设计晨检流线
		卫生室（保健室）	卫生室（保健室）应设在首层，宜临近体育场地，并方便急救车辆就近停靠
			小学卫生室可只设 1 间，中学宜分设相通的 2 间（分别为接诊室和检查室），并可设观察室
	生活服务用房	饮水处	教学用建筑内应在每层设饮水处
		卫生间	教学用建筑每层均应分设男、女学生卫生间及男、女教师卫生间。当教学用建筑中每层学生少于 3 个班时，男、女生卫生间可隔层设置。学校食堂宜设工作人员专用卫生间
		浴室	宜在舞蹈教室、风雨操场、游泳池（馆）附设淋浴室，且教师浴室与学生浴室应分设
		食堂	食堂与室外公厕、垃圾站等污染源间的距离应大于 25.0m
			寄宿制学校的食堂应包括学生餐厅、教工餐厅、配餐室及厨房。走读制学校应设置配餐室、发餐室和教工餐厅
			食堂的厨房应附设蔬菜粗加工和杂物、燃料、灰渣等存放空间，各空间应避免污染食物，并宜靠近校园的次要出入口
		学生宿舍	学生宿舍不得设在地下室或半地下室
			宿舍与教学用房不宜在同一栋建筑中分层合建，可在同一栋建筑中以防火墙分隔贴建。学生宿舍应便于自行封闭管理，不得与教学用房合用建筑的同一个出入口
			学生宿舍必须男女分区设置，分别设出入口，满足各自封闭管理的要求
			学生宿舍每室居住学生不宜超过 6 人
			学生宿舍应包括居室、管理室、储藏室、清洁用具室、公共盥洗室和公共卫生间，宜附设浴室、洗衣房和公共活动室
			当学生宿舍分层设置公共盥洗室、卫生间和浴室时，盥洗室门、卫生间门与居室门间的距离不得大于 20.00m。当每层寄宿学生较多时可分组设置

控制要点项	子项		具体内容
（四）景观设计	绿化用地	—	中小学校的绿化用地宜包括集中绿地、零星绿地、水面和供教学实践的种植园及小动物饲养园
		—	绿地的日照及种植环境宜结合教学、植物多样化等要求综合布置
	空间场所	功能配置	校园里的集中绿地、景观庭院等场所应根据中小学生的特点，设置丰富多样的活动设施
		场所营造	宜结合场地高差、色彩搭配等方面，营造舒适、安全的活动场所
	景观小品	—	应根据中小学生的特点及学校的办学特色，设计赋有特色的景观小品
（五）技术管理	成本控制	—	项目方案设计阶段的成本估算应控制在项目建议书和可行性研究报告中关于项目投资估算的要求内，应严格控制项目成本
	项目管控	—	关于项目所配建的教学用房的功能、数量、面积等建设要求，应与项目所在地的教育局及校方管理人员进行沟通及意见征询，避免发生反复性修改，确保顺利推进项目

4.2 初步设计管控要点

◆ **初步设计管控要点构成**
Composition of Control Points of Preliminary Design

初步设计阶段
Preliminary Design Stage

项目指标 Project Indicators	总平面 General Layout	建筑单体 Building Unit	景观设计 Landscape Design	建筑设备 Construction Equipment	技术管理 Technical Management
规划指标 停车指标 建筑面积指标 净高	复核日照、退距等要求 竖向设计 场地排水 体育用地布置	教学及辅助用房 行政办公用房 生活服务用房	空间场所 植物配置 海绵城市	采暖通风与空气调节 给水排水 建筑电气 建筑智能化	成本控制 项目管控

◆ **初步设计管控要点**
Control Points of Preliminary Design

中小学建筑方案设计管控要点			
控制要点项	子项		具体内容
（一）项目指标	规划指标	—	复核项目的容积率、建筑高度、建筑密度、绿地率等规划指标，应符合项目规划条件的规定要求
	停车指标	—	复核项目的停车指标（含机动车与非机动车的停车指标），应符合国家、地方规范及项目规划条件的要求，并合理设置地面停车位及供接送使用的临时停车位
	建筑面积指标	功能用房面积	主要教学用房与辅助用房的使用面积应满足国家和地方规范及建设标准的相关规定要求
		设备用房面积	根据项目规模情况，需与设备专业落实地上部分设备用房的配置与面积要求
			当项目配建地下室时，需与设备专业落实地下部分设备用房的配置与面积要求
		地下室面积	当项目配建地下室时，在落实地下室相关设备用房的建设要求后，应按 ≤ 40m²/ 车位计算地下室总建筑面积，严格控制项目的建设成本。当项目地下停车位总数量＜ 100 时，地下室的停车效率可适当调整为 ≤ 45m²/ 车位
	净高	主要教学用房净高	① 普通教室、史地教室、美术教室及音乐教室的净高应满足小学 ≥ 3.0m、初中 ≥ 3.05m、高中 ≥ 3.10m； ② 舞蹈教室的净高应满足 ≥ 4.5m； ③ 科学教室、实验室、计算机教室、劳动教室、技术教室及合班教室的净高应满足 ≥ 3.10m； ④ 阶梯教室最后一排（楼地面最高处）距顶棚或上方凸出物最小距离为 2.2m； ⑤ 主要教学用房最小净高除满足以上要求外，需符合地方相关规范的要求
		风雨操场净高	当项目配建风雨操场时，在风雨操场中设置的田径场地、羽毛球场地最小净高为 9m，篮球场地、排球场地最小净高为 7m，体操场地最小净高为 6m，乒乓球场地最小净高为 4m，并应符合地方相关规范的要求
		学生宿舍净高	① 当采用单层床时，居室净高不宜低于 3.00m； ② 当采用双层床时，居室净高不宜低于 3.10m； ③ 当采用高架床时，居室净高不宜低于 3.35m
（二）总平面	复核内容	—	复核建筑关于退让、日照计算、建筑间距方面是否符合国家和地方规范要求，可参考"方案设计管控要点"文件中总平面的相关规定
	竖向设计	—	从场地出入口与周边城市道路的衔接、基地内各功能分区之间的高差衔接、消防车道的坡度设计等方面复核项目竖向设计的合理性，并应满足国家和地方规范的要求

控制要点项	子项		具体内容
（二）总平面	场地排水	—	校园应合理考虑场地排水。室外体育场地应确保排水通畅，其排水坡度宜控制在 0.3%~0.8% 的范围内
	体育用地	安全防护	各类运动场地应平整，在其周边的同一高程上应有相应的安全防护空间，安全区宽度应 ≥ 1.0m
		环境设施	气候适宜地区的中小学校宜在体育场地周边的适当位置设置洗手池、洗脚池等附属设施
			当体育场地中心与最近的卫生间的距离超过 90.00m 时，可设室外厕所。所建室外厕所的服务人数可按学生总人数的 15% 计算，且室外厕所宜预留扩建条件
（三）建筑单体	教学用房及教学辅助用房	基本规定	小学教学用房内设置的黑板宽度不宜小于 3.6m，中学的不宜小于 4m，且普通教室、科学教室、实验室、合班教室前排边座椅与黑板远端的水平视角不应小于 30°
		普通教室	普通教室内单人课桌的平面尺寸应为 0.60m×0.40m，课桌椅的排距不宜小于 0.90m
			普通教室的内纵向走道宽度不应小于 0.60m
			最前排课桌的前沿与前方黑板的水平距离不宜小于 2.20m
			小学普通教室最后排课桌的后沿与前方黑板的水平距离不宜大于 8.00m，中学的不宜大于 9.00m
			教室最后排座椅之后应设横向疏散走道，且自最后排课桌后沿至后墙面或固定家具的净距不应小于 1.10m
			沿墙布置的课桌端部与墙面或壁柱、管道等墙面凸出物的净距不宜小于 0.15m
			普通教室内应为每个学生设置一个专用的小型储物柜
		科学教室、实验室	双人单侧操作时，两实验桌长边之间的净距不应小于 0.60m；四人双侧操作时，两实验桌长边之间的净距不应小于 1.30m；超过四人双侧操作时，两实验桌长边之间的净距不应小于 1.50m
			最前排实验桌的前沿与前方黑板的水平距离不宜小于 2.50m
			最后排实验桌的后沿与前方黑板之间的水平距离不宜大于 11.00m
			最后排座椅之后应设横向疏散走道，自最后排实验桌后沿至后墙面或固定家具的净距不应小于 1.20m
			沿墙布置的实验桌端部与墙面或壁柱、管道等墙面凸出物间宜留出疏散走道，净宽不宜小于 0.60m；另一侧有纵向走道的实验桌端部与墙面或壁柱、管道等墙面凸出物间可不留走道，但净距不宜小于 0.15m
			当中学设有跨学科的综合研习课时，宜配置综合实验室。综合实验室应附设仪器室、准备室。当化学、物理、生物实验室均在邻近布置时，综合实验室可不设仪器室、准备室
			综合实验室内宜沿侧墙及后墙设置固定实验桌，其上装设给水排水、通风、热源、电源插座及网络接口等设施。实验室中部宜设 100m² 开敞空间
			演示实验室宜按容纳 1 个班或 2 个班设置。演示实验室中，桌椅排距不应小于 0.90m，演示实验室纵向走道宽度不应小于 0.70m。边演示边实验的阶梯式实验室中，阶梯的宽度不宜小于 1.35m，边演示边实验的阶梯式实验室的纵向走道应有便于仪器药品车通行的坡道，坡道的宽度不应小于 0.70m
			演示实验室宜设计为阶梯教室，设计视点应定位于教师演示实验台桌面的中心，每排座位宜错位布置，隔排视线升高值宜为 0.12m
			演示实验室内最后排座位之后，应设横向疏散走道，疏散走道宽度不应小于 0.60m，净高不应小于 2.20m
		计算机教室	单人计算机桌平面尺寸不应小于 0.75m×0.65m，前后桌间距离不应小于 0.70m，课桌椅排距不应小于 1.35m
			计算机教室的纵向走道净宽不应小于 0.70m
			沿墙布置计算机时，桌端部与墙面或壁柱、管道等墙面凸出物间的净距不宜小于 0.15m
		语言教室	设置进行情景对话表演训练的语言教室时，可采用普通教室的课桌椅或有书写功能的座椅，并应设置不小于 20m² 的表演区
		美术、书法教室	中学美术教室空间宜满足一个班的学生用画架写生的要求。学生写生时的座椅为画凳时，所占面积宜为 2.15m²/生；用画架写生时所占面积宜为 2.50m²/生
			美术教室应设置书写白板，宜设存放石膏像等教具的储藏柜
			书法条案的布置应符合下列规定： ① 条案的平面尺寸宜为 1.50m×0.60m，可供 2 名学生合用； ② 条案宜平行于黑板布置，条案排距不应小于 1.20m； ③ 纵向走道宽度不应小于 0.70m
			美术、书法教室内宜设置洗涤池，便于学生使用
		音乐教室	在小学的音乐教室中，应有 1 间能容纳 1 个班的唱游课的教室，唱游课音乐教室的面积不应小于 108m²，满足每生边唱边舞所占面积不应小于 2.4m² 的要求
			中小学校应有 1 间音乐教室能满足合唱课教学的要求。为保证教学效果，宜在紧接后墙处设置 2~3 排阶梯式合唱台，每级高度宜为 0.20m，宽度宜为 0.60m

控制要点项	子项		具体内容
（三）建筑单体	教学用房及教学辅助用房	体育建筑设施	中小学校的泳池宜为 8 泳道，泳道长宜为 50m 或 25m，且不得设置跳水池、不宜设置深水区
			中小学校泳池入口处应设置强制通过式浸脚消毒池，池长不应小于 2.00m，宽度应与通道相同，深度不宜小于 0.20m
		合班教室	阶梯教室梯级高度依据视线升高值确定。阶梯教室的设计视点应定位于黑板底边缘的中点处。前后排座位错位布置时，视线的隔排升高值宜为 0.12m
			合班教室课桌椅的布置应符合下列要求： ① 每个座位的宽度不应小于 0.55m，小学座位排距不应小于 0.85m，中学座位排距不应小于 0.90m； ② 教室最前排座椅前沿与前方黑板间的水平距离不应小于 2.50m，最后排座椅的前沿与前方黑板间的水平距离不应大于 18.00m； ③ 纵向、横向走道宽度均不应小于 0.90m，当座位区内有贯通的纵向走道时，若设置靠墙纵向走道，靠墙走道宽度可小于 0.90m，但不应小于 0.60m； ④ 最后排座位之后应设宽度不小于 0.60m 的横向疏散走道
		图书室	视听阅览室宜附设资料储藏室，使用面积不宜小于 12.0m²
			借书空间除设置师生个人借阅空间外，还应设置检索及班级集体借书的空间。借书空间的使用面积不宜小于 10.0m²
		德育展览室	德育展览室的面积不宜小于 60.0m²
		任课教师办公室	任课教师办公室内宜设洗手盆
	行政办公用房	网络控制室	网络控制室宜考虑设置空调
		卫生室（保健室）	卫生室宜附设候诊空间，候诊空间的面积不宜小于 20m²
			卫生室的面积和形状应能容纳常用诊疗设备，并能满足视力检查的要求。每间房间的面积不宜小于 15m²，其中满足视力检查要求的房间长度应 ≥ 6.0m，有镜面反射时房间长度可减小为 3.5m
			卫生室内应设洗手盆、洗涤池和电源插座
	生活服务用房	饮水处	中小学校的饮用水管线与室外公厕、垃圾站等污染源间的距离应大于 25.0m
			每层设置的饮水处应按每 40~45 人设置 1 个饮水水嘴计算水嘴的数量
			教学用建筑每层的饮水处前应设置等候空间，等候空间不得挤占走道等疏散空间
		卫生间	男、女卫生间应分设前室
			学生卫生间卫生洁具的数量应按下列规定计算： ① 男生应至少为每 40 人设 1 个大便器或 1.20m 长的大便槽，每 20 人设 1 个小便斗或 0.60m 长的小便槽； ② 女生应至少为每 13 人设 1 个大便器或 1.20m 长的大便槽； ③ 每 40~45 人设 1 个洗手盆或 0.60m 长的盥洗槽； ④ 卫生间内或卫生间附近应设污水池
			学生卫生间应具有天然采光、自然通风的条件，并应安置排气管道
		学生宿舍	居室每生所占使用面积不宜小于 3.0m²（不含储藏空间所占面积）
			学生宿舍的居室内应设储藏空间，每生储藏空间宜为 0.30~0.45m³，储藏空间的宽度和深度均不宜小于 0.60m
			学生宿舍应设置衣物晾晒空间
（四）景观设计	空间场所	—	中小学校体育场地应采用空间应满足主要运动项目对地面材料及构造做法的要求，并满足环境卫生健康要求
		—	各类室外活动场地及设施不应有尖角或硬刺
	植物配置	—	植物配置以绿色健康、安全大方为前提，应优先选用项目当地的乡土植物
		—	活动场地内和周边环境不应配置有毒、有刺等易对人体造成伤害的植物
		—	绿地树木根颈中心与构筑物和管线设施外缘的最小水平距离应符合相关规范要求，详见通则第 2.3.3 章节第 13 条内容，并符合《公园设计规范》(GB 51192—2016) 第 7.1.7 与 7.1.8 条规定的要求
	海绵城市	—	根据实际需求践行海绵城市设计理念，实施措施包含雨水花园、下沉式绿地及透水路面等
（五）建筑设备	采暖通风与空气调节	采暖	采暖地区学校的采暖系统热源宜纳入区域集中供热管网。无条件时宜设置校内集中采暖系统。对于非采暖地区，当舞蹈教室、浴室、游泳馆等有较高温度要求的房间在冬季室温达不到规定温度时，应设置采暖设施
		通风	在严格要求新风量或没有条件自然进风的情况下，教学用房（普通教室、实验室、合班教室等）及学生宿舍可以采用新风换气机进行集中进、排风
			净高大于 6m 的公共场所，排烟量的计算应按照《建筑防烟排烟系统技术标准》（GB 51251—2017）表 4.6.3 中的"其他公共建筑"分类考虑

控制要点项	子项		具体内容
（五）建筑设备	采暖通风与空气调节	电风扇或空调	计算机教室、视听阅览室及相关辅助用房宜设空调系统
			网络控制室应单独设置空调设施，其温度、湿度应符合现行国家标准《数据中心设计规范》（GB 50174—2017）的有关规定要求
			结合房间及区域的功能性和装修布局，选用合适的空调形式。在夏热冬暖、夏热冬冷等气候区中的中小学校，当教学用房、学生宿舍不设空调且在夏季通过开窗通风不能达到基本热舒适度时，应按下列规定设置电风扇： ① 教室应采用吊式电风扇，各类小学中，风扇叶片距地面高度不应低于 2.8m；各类中学中，风扇叶片距地面高度不应低于 3.0m； ② 学生宿舍的电风扇应有防护网
			注意空调室外机位的大小是否符合安装和散热要求，以及与建筑立面的协调性、美观性
	给水排水	水泵房	水泵房宜独立设置，不宜设置在教学建筑内。当须设置在教学建筑内时，水泵房的围护结构、设备及管道安装等均需设置消声及减震措施
		消防水泵房	附设在建筑内的消防水泵房，不应设置在地下 3 层及以下或室内地面与室外出入口地坪高差大于 10m 的地下楼层，且疏散门应直通室外或安全出口
		饮用水设施	应根据学校所在地区的生活习惯，供应开水或饮用净水。当采用管道直饮水时，应符合现行行业标准《建筑与小区管道直饮水系统技术规程》（CJJ/T 110—2017）的有关规定要求
		雨水收集利用系统	根据项目当地的自然条件、水资源情况及经济技术发展水平，合理设置雨水收集利用系统
		中水设施	应按当地有关规定配套建设中水设施。当采用中水时，应符合现行国家标准《建筑中水设计规范》（GB 50336—2018）的有关规定要求
	建筑电气	—	电气设施需安全、高效、节能。学校的总配电箱和电能计量装置宜位于负荷中心，供电半径不超过 250m，且便于进出线
		变电所	附设在教育建筑内的变电所，不应与教室、宿舍相贴邻
		强弱电井	建筑物内各层应分别设置强、弱电竖井，竖井宜避免邻近烟道、热力管道和其他散热量大或潮湿的设施
		实验室线路	实验室内管线多时应采取加厚楼层地面的做法
			实验室教学用电需设专用配电线路。电学实验室需设交流、直流电源装置，电源控制箱宜设置在教师演示桌内
	建筑智能化	—	学校建筑智能化设计应符合现行国家标准《智能建筑设计标准》（GB/I 50314—2015）的有关规定要求
		智能化系统机房	机房不应设在卫生间、浴室或其他经常可能积水场所的正下方，且不宜与上述场所相贴邻。机房内梁下高度不低于 3m
			机房应远离发电机房、高低压配电房等强磁场区域
			安防控制室与消防控制室可合用，合用时应预留足够的机房面积，并满足消防及安防设备的布置要求
（六）技术管理	成本控制	—	项目初步设计阶段的设计概算应控制在项目投资估算的要求内，严格控制项目成本
	项目管控	—	关于项目所配建的教学用房的功能、数量、面积等建设要求，应与项目所在地的教育局及校方管理人员进行沟通及意见征询，避免发生反复性修改，确保顺利推进项目
			在项目推进的过程中，应保证主体专业设计与各专项设计、设备专业等沟通对接顺畅，及时发现项目尚存的技术难点，并迅速落实调整修改

4.3 施工图设计管控要点

◆ **施工图设计管控要点构成示意**
Composition of Control Points of Construction Drawing Design

施工图设计阶段
Construction Drawing Design Stage

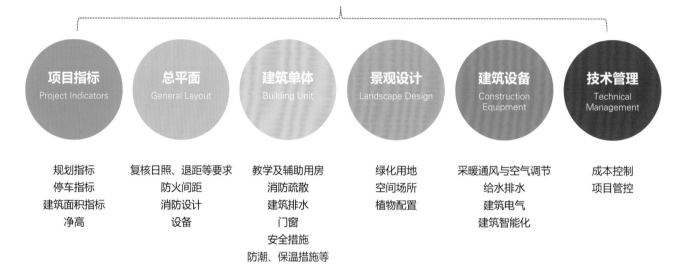

项目指标 Project Indicators	总平面 General Layout	建筑单体 Building Unit	景观设计 Landscape Design	建筑设备 Construction Equipment	技术管理 Technical Management
规划指标 停车指标 建筑面积指标 净高	复核日照、退距等要求 防火间距 消防设计 设备	教学及辅助用房 消防疏散 建筑排水 门窗 安全措施 防潮、保温措施等	绿化用地 空间场所 植物配置	采暖通风与空气调节 给水排水 建筑电气 建筑智能化	成本控制 项目管控

◆ **施工图设计管控要点**
Control Points of Construction Drawing Design

中小学建筑方案设计管控要点			
控制要点项	**子项**		**具体内容**
（一）项目指标	规划指标	—	复核项目的容积率、建筑高度、建筑密度、绿地率等规划指标，应符合项目规划条件的规定要求
	停车指标	—	复核项目的停车指标（含机动车与非机动车的停车指标），应符合国家、地方规范及项目规划条件的要求，并合理设置地面停车位及供接送使用的临时停车位
	建筑面积指标	功能用房面积	主要教学用房与辅助用房的使用面积应满足国家和地方规范及建设标准的相关规定要求
		建筑面积指标	复核地上部分设备用房的配置与面积是否满足各专业要求
			当项目配建地下室时，复核地下部分设备用房的配置与面积是否满足各专业要求
		地下室面积	当项目配建地下室时，在落实地下室相关设备用房的建设要求后，应按 ≤ 40m²/ 车位计算地下室总建筑面积，严格控制项目的建设成本。当项目地下停车位总数量 < 100 时，地下室的停车效率可适当调整为 ≤ 45m²/ 车位
	净高	主要教学用房净高	① 普通教室、史地教室、美术教室及音乐教室的净高应满足小学 ≥ 3.0m、初中 ≥ 3.05m、高中 ≥ 3.10m； ② 舞蹈教室的净高应满足 ≥ 4.5m； ③ 科学教室、实验室、计算机教室、劳动教室、技术教室及合班教室的净高应满足 ≥ 3.10m； ④ 阶梯教室最后一排（楼地面最高处）距顶棚或上方凸出物最小距离为 2.2m； ⑤ 主要教学用房最小净高除满足以上要求外，需符合地方相关规范的要求
		风雨操场净高	当项目配建风雨操场时，在风雨操场中设置的田径场地、羽毛球场地最小净高为 9m，篮球场地、排球场地最小净高为 7m，体操场地最小净高为 6m，乒乓球场地最小净高为 4m，并应符合地方相关规范的要求
		学生宿舍净高	① 当采用单层床时，居室净高不宜低于 3.00m； ② 当采用双层床时，居室净高不宜低于 3.10m； ③ 当采用高架床时，居室净高不宜低于 3.35m
（二）总平面	复核内容	—	复核建筑关于退让、日照计算、建筑间距方面是否符合国家和地方规范要求，可参考"方案设计管控要点"文件中总平面的相关规定
	防火间距	—	复核项目当地对建筑外凸构件及相邻拼接建筑对防火间距的认定要求，并符合国家和地方消防规范的相关规定要求

续表

控制要点项	子项		具体内容
（二）总平面	消防设计	消防车道	应设置环形消防车道，受条件限制时，至少应满足沿建筑的两个长边设置消防车道的要求
			消防车道的净宽度和净空高度均不应小于4.0m，车道坡度不宜大于8%，转弯半径满足9~12m消防车转弯的要求
			消防车道靠建筑外墙一侧的边缘距离建筑外墙不宜小于5m
			环形消防车道至少应有2处与其他车道连通。尽头式消防车道应设置回车道或回车场，回车场的尺寸不应小于12m×12m；对于高层建筑，不宜小于15m×15m；供重型消防车使用时，不宜小于18m×18m
		消防车登高操作面	当项目有高层建筑时，高层建筑的消防车登高操作面设置应符合《建筑设计防火规范（2018年版）》（GB 50016—2014）的相关规定
		消防电梯	应根据《建筑设计防火规范（2018年版）》（GB 50016—2014）第7.3.1条的规定，对项目是否需要设置消防电梯进行定性分析，若项目需要设置消防电梯时，应根据第7.3.2条等相关规定进行配建
	设备	配电站	当配电站独立设置于首层时，与其他建筑的间距应符合国家和地方规范的间距要求，同时满足防火间距要求
		换热站	当换热站独立设置于首层时，与其他建筑的间距应符合国家和地方规范的间距要求，同时满足防火间距要求
		化粪池	化粪池应设置于校园的下风向及人员日常活动较少的区域，严禁设置在主次入口区域。化粪池池外壁距建筑物外墙不宜小于5m，并不得影响建筑物基础。当受条件限制化粪池设置于建筑物内时，应采取通气、防臭和防爆措施
（三）建筑单体	教学用房及教学辅助用房	教学用房平面布置	教学用房内设置的黑板或书写白板与讲台应符合以下规定： ① 小学教学用房内设置的黑板宽度不宜小于3.6m，中学的不宜小于4.0m； ② 黑板的高度不应小于1.0m； ③ 小学教学用房内设置的黑板下边缘与讲台面的垂直距离宜为0.8~0.9m，中学的宜为1.0~1.1m； ④ 讲台长度应大于黑板长度，其两端边缘与黑板两端边缘的水平距离分别不应小于0.4m，讲台宽度不应小于0.8m，高度宜为0.2m
			普通教室、科学实验室、计算机教室、书法教室、合班教室等桌椅布置应符合《中小学设计规范》（GB 50099—2011）中5.2.2、5.3.2、5.5.2、5.7.10、5.12.6的规定要求，可参考"初步设计管控要点"表中建筑单体的相关内容
		教学基本设备及设施	主要教学用房应配置的教学基本设备及设施应符合《中小学设计规范》（GB 50099—2011）中表5.1.10的规定要求
			实验桌上宜设置局部照明
		墙裙	教学用房及学生公共活动区的墙面宜设置墙裙，墙裙高度应符合下列规定： ① 各类小学的墙裙高度不宜低于1.2m； ② 各类中学的墙裙高度不宜低于1.4m； ③ 舞蹈教室、风雨操场的墙裙高度不应低于2.1m
		无障碍设计	校园内的公共厕所至少应有1处应满足《无障碍设计规范》（GB 50763—2012）第3.9.1条的有关规定。在接收残疾生源的学校内，主要教学用房应按每层至少设置1处公共厕所考虑，具体设置要求应满足《无障碍设计规范》（GB 50763—2012）第3.9.1条的有关规定
			在接收残疾生源的学校内，合班教室、报告厅及剧场等应设置不少于2个轮椅座席
			在接收残疾生源的学校内，对于有固定座位的教室、阅览室、实验教室等教学用房，应在靠近出入口处预留轮椅回转空间
			视力、听力、言语、智力残障学校设计应符合现行行业标准《特殊教育学校建筑设计标准》（JGJ 76—2019）的有关要求
		架空地板	计算机教室、图书室内的视听阅览室、网络控制室的室内装修应采取防潮、防静电措施，并宜采用防静电架空地板，不得采用无导出静电功能的木地板或塑料地板。当采用地板采暖系统时，楼地面需采用与之相适应的材料及构造做法
			语言教室宜采用架空地板。不架空时，应铺设可敷设电缆槽的地面垫层
	消防疏散	建筑物入口	校园内除建筑面积不大于200m²、人数不超过50人的单层建筑外，每栋建筑应设置2个出入口。非完全小学内，单栋建筑面积不超过500m²，且耐火等级为一、二级的低层建筑可只设1个出入口
			教学用建筑物出入口净通行宽度不得小于1.40m，门内与门外各1.50m范围内不宜设置台阶
			在寒冷或风沙大的地区，教学用建筑物出入口应设置挡风间或双道门
			教学用建筑物的出入口应设置无障碍设施，并应采取防止上部物体坠落和地面防滑的措施
		疏散通道	中小学校内，每股人流的宽度应按0.60m计算，且建筑的疏散通道宽度最少应为2股人流，并应按0.60m的整数倍增加疏散通道宽度

控制要点项	子项		具体内容
（三）建筑单体	消防疏散	疏散通道	中小学校建筑的安全出口、疏散走道、疏散楼梯和房间疏散门等处每100人的净宽度应按《中小学设计规范》（GB 50099—2011）表8.2.3计算，且教学用房的内走道净宽度不应小于2.4m，单侧走道及外廊的净宽度不应小于1.8m
			当建筑物内的走道有高差变化应设置台阶时，台阶处应有天然采光或照明，踏步级数不得少于3级，并不得采用扇形踏步。当高差不足3级踏步时，应设置坡道，坡道的坡度不应大于1:8，不宜大于1:12
		房间疏散门	每间教学用房的疏散门均不应少于2个，疏散门的宽度应通过计算，且每樘疏散门的通行净宽度不应小于0.9m。当教室处于袋形走道尽端时，若教室内任一处距教室门不超过15.0m，且门的通行净宽度不小于1.50m，可设1个门
		疏散楼梯	教学用房的楼梯间应有天然采光和自然通风，且楼梯两相邻梯段间不得设置遮挡视线的隔墙
			为保证室内竖向交通实现无障碍化，主要教学用房应至少设置1部无障碍楼梯
			除首层及顶层外，教学楼疏散楼梯在中间层的楼层平台与梯段接口处宜设置缓冲空间，缓冲空间的宽度不宜小于梯段宽度
			疏散楼梯不得采用螺旋楼梯和扇形踏步。楼梯梯段宽度应满足安全疏散要求，且不应小于1.20m，并应按0.60m的整数倍增加梯段宽度，每个梯段可增加不超过0.15m的摆幅宽度
			梯段的踏步应符合下列规定： ① 每个梯段的踏步级数不应少于3级，且不应多于18级； ② 各类小学楼梯踏步的宽度不得小于0.26m、高度不得大于0.15m； ③ 各类中学楼梯踏步的宽度不得小于0.28m、高度不得大于0.16m； ④ 楼梯的坡度不得大于30°
			楼梯两梯段间楼梯井净宽不得大于0.11m，大于0.11m时，应采取有效的安全防护措施。两梯段扶手间的水平净距宜为0.1~0.2m
			楼梯扶手应符合下列规定： ① 楼梯宽度为2股人流时，应至少在一侧设置扶手； ② 楼梯宽度达3股人流时，两侧均应设置扶手； ③ 楼梯宽度达4股人流时，应加设中间扶手，中间扶手两侧的净宽均应满足对梯段宽度的相关要求； ④ 室内楼梯扶手高度不应低于0.90m，室外楼梯扶手高度不应低于1.10m，水平扶手高度不应低于1.10m，小学的楼梯宜增加高度为900mm的高低靠扶手，提高安全性； ⑤ 楼梯栏杆不得采用易于攀登的构造和花饰，杆件或花饰的镂空处净距不得大于0.11m； ⑥ 楼梯扶手上应加装防止学生溜滑的设施
	建筑排水	屋面排水	应合理考虑屋面排水形式及构造，合理设置雨水管的数量及位置，尽量布置于对外立面影响较小的位置
		外走道、露台、架空层等位置的有组织排水	当教学用房平面布局采用外廊式走道时，应设1%的坡度坡向浅沟位置进行有组织排水，防止雨水倒灌到教学用房里
			当建筑有露台时，应设1.5%~2.0%的排水坡度进行有组织排水，防止雨水倒灌到教学用房里
			中小学内首层常设置架空层，当建筑立面较为平整时，建议在正常排水的设计下，在架空层位置设置宽度宜为3.0m的防水过渡带（详见通则第2.4.2章节内容）
	门窗	—	除音乐教室外，各类教室的门均宜设置上亮窗
		—	除心理咨询室外，教学用房的门扇均宜附设观察窗
		—	各教室前端侧窗窗端墙的长度应≥1.0m，窗间墙宽度应≤1.2m
		通风	在教学用房及教学辅助用房中，外窗的可开窗扇面积应符合《中小学设计规范》（GB 50099—2011）中第9.1节及第10.1节通风换气的相关规定要求
			在炎热地区的教学用房及教学辅助用房中，可在内外墙设置可开闭的通风窗。通风窗下沿宜设在距室内楼地面以上0.1~0.15m高度处
		节能	教学用房及教学辅助用房的外窗在采光、保温、隔热、散热和遮阳等方面的要求应符合国家和地方现行有关建筑节能标准的规定要求
	安全措施	—	临空窗台的高度不应低于0.90m
		—	上人屋面、外廊、楼梯、平台、阳台等临空部位必须设防护栏杆，防护栏杆必须牢固、安全，高度不应低于1.10m。防护栏杆最薄弱处承受的最小水平推力应不小于1.5kN/m
		—	2层及2层以上的临空外窗的开启扇不得外开
		—	在抗震设防烈度为6度或6度以上地区建设的实验室不宜采用管道燃气作为实验用的热源
		—	当学生宿舍采用阳台、外走道或屋顶晾晒衣物时，应采取防坠落措施
		—	舞蹈教室宜设置带防护网的吸顶灯，采暖等各种设施应暗装

控制要点项	子项		具体内容
（三）建筑单体	安全措施	—	风雨操场内，运动场地的灯具等应设护罩。悬吊物应有可靠的固定措施。有围护墙时，在窗的室内一侧应设护网
		—	风雨操场的楼、地面构造应根据主要运动项目的要求确定，不宜采用刚性地面。固定运动器械的预埋件应暗设
	防潮、保温措施	—	教学用房的地面应有防潮处理。在严寒地区、寒冷地区及夏热冬冷地区，教学用房的地面应设保温措施
		—	体育器材室的室内应采取防虫、防潮措施
	防滑构造措施	—	疏散通道、教学用房的走道，科学教室、化学实验室、热学实验室、生物实验室、美术教室、书法教室、游泳池（馆）等有给水设施的教学用房及教学辅助用房，以及卫生室（保健室）、饮水处、卫生间、盥洗室、浴室等有给水设施的房间，其路面或楼地面应采用防滑构造做法，室内应装设密闭地漏
	隔声处理	—	教学用房的楼层间及隔墙应进行隔声处理
		—	音乐教室的门窗应隔声
	吸声处理	—	走道的顶棚宜进行吸声处理
		—	当设置现代艺术课教室时，其墙面及顶棚应采取吸声措施
		—	音乐教室、合班教室的墙面及顶棚应采取吸声措施
		—	当风雨操场兼作集会场所时，宜进行声学处理
	转暗设施	—	安装视听教学设备的教室应设置转暗设施，并宜设置座位局部照明设施
	装配式建筑	—	应满足国家和地方相关的装配式建筑的设计标准，并符合装配率的下限要求
（四）景观设计	绿化用地		集中绿地的宽度不应小于8m
		覆土厚度	屋面绿化、地下建（构）筑物顶部栽植的覆土厚度应满足当地规范要求
	空间场所	—	运动场地材料应满足学生身体健康、安全、比赛、教学、训练的要求及运动项目对地面材料及构造的要求，球场和跑道不宜采用非弹性的面层材料
	植物配置	—	为不影响教学楼内通风采光，距建筑物5m以外才可种植大乔木
		—	实验楼周边的绿化要考虑实验室的特殊要求，选择树种时要考虑防火、防爆及空气洁净程度等因素
（五）建筑设备	采暖通风与空气调节	采暖	集中供暖系统应以热水为供热介质，并实现分室控温，宜有分区或分层控制手段，且教室内供暖设计温度宜≥18℃
		通风	复核各房间换气次数及人员新风量是否满足规范要求
			净高大于6m的公共场所，排烟量的计算应按照《建筑防烟排烟系统技术标准》（GB 51251—2017）表4.6.3中的"其他公共建筑"分类考虑
			各气候区中小学校在不同季节宜采用不同的换气方式。在夏热冬冷地区可采用开窗与开小气窗相结合的方式，在寒冷及严寒地区则采用在外墙和走道开小气窗或作通风道的换气方式。窗式通风方式宜由幕墙通风器实现进风，侧墙进风通风方式宜在散热器上方侧墙处安装侧墙进风器，让新风经散热器加热后送入教室内
			化学实验室宜采用下排风的方式，且外墙至少应设置2个机械排风扇，排风扇下沿应在距楼地面以上0.1~0.15m高度处。在排风扇的室内一侧应设置保护罩，采暖地区应为保温的保护罩。在排风扇的室外一侧应设置挡风罩
			实验桌应有通风排气装置，排风口宜设在桌面以上，可通过桌下集中管道排至室外，排放口远离有人员行动的空间
			药品室的药品柜内应设通风装置
			强制排风系统的室外排风口宜高于建筑主体，其最低点应高于人员逗留地面2.50m以上
			进、排风口应防尘及防虫鼠装置，排风口应采用防风雪进入、抗风向干扰的风口形式
		电风扇或空调	当教室设置电风扇时，应采用吊式电风扇。各类小学中，风扇叶片距地面高度不应低于2.80m；各类中学中，风扇叶片距地面高度不应低于3.0m
			当学生宿舍设置电风扇时，应注意给电风扇设置防护网
			当采用冷暖型分体空调时，注意空调室外机位的大小是否符合安装和散热要求，以及与建筑立面的协调性、美观性
	给水排水	配置及预留条件	当项目配建游泳池时，应符合现行《游泳池给水排水工程技术规程》（CJJ 122—2017）的有关规定
			普通教室应预留冷凝水排水接口

续表

控制要点项	子项		具体内容
（五）建筑设备	给水排水	配置及预留条件	物理实验室可预留冷凝水排水接口与给水排水接口。当实验桌旁设置水嘴及水槽时，水槽排水口要有过滤设置
			化学实验室应预留冷凝水排水接口与给水排水接口。实验桌旁应设置水嘴及水槽，且水槽排水口要有过滤设置。每个化学实验室内至少设置一个急救冲洗水嘴，急救冲洗水嘴的工作压力不大于 0.1MPa。化学实验室给水水嘴的工作压力不大于 0.02Mpa，并设置化学废水中和处理措施
			生物实验室应预留冷凝水排水接口与给水排水接口。生物解剖实验室的给水排水设施可集中设置，也可在每个实验桌旁设置，且水槽排水口要有过滤装置
			美术、书法教室可预留冷凝水排水接口与给水排水接口
			学生食堂应预留给水排水接口。排水管道不得穿越食堂厨房和饮食业厨房的主副食操作、烹调和备餐的上方。食堂等含油废水应经除油处理后排入污水管道。餐厅建筑面积大于 1000m² 的餐馆或食堂，其烹饪操作间的排油烟罩及烹饪部位应设置自动灭火装置，并应在燃气或燃油管道上设置与自动灭火装置联动的自动切断装置
		给水排水管道	在寒冷及严寒地区的中小学校中，教学用房的给水引入管上应设泄水装置。有可能产生冰冻部位的给水管道应有防冻措施
			排水立管不宜设置在教室、实验室等安静要求较高的房间内，当受条件限制必须设置时，排水立管需暗装，并选用低噪声管材
			实验室化验盆排水口应装设耐腐蚀的挡污算，排水管道材料应采用耐腐蚀管材
		水环保要求	实验废液应收集并进行委托处理，经处理后方可排放。排放应达到国家废水综合排放水质标准
		消火栓	室内消火栓应设置在楼梯间及其休息平台和前室、走道等明显易于取用，以及便于火灾扑救的位置，且室内消火栓箱不宜采用普通玻璃门
		灭火器	采用磷酸铵盐干粉灭火器，配置要求应符合现行国家标准《建筑灭火器配置设计规范》（GB 50140—2005）的有关规定要求
	建筑电气	电气设计	各幢建筑的电源引入处应设置电源总切断装置和可靠的接地装置，各楼层应分别设置电源切断装置
			室内线路应采用暗线敷设
			物理实验室内，教师演示桌处应设置 3 相 380V 电源插座。学生实验桌上需设置 1 组包括不同电压的电源插座，每一电源宜分设开关
			化学实验室内，当实验桌上设置机械排风设施时，排风机应设专用动力电源，其控制开关宜设置在教师实验桌内
			保健室、食堂的餐厅、厨房及配餐空间应设置电源插座及专用杀菌消毒装置
			教学楼内饮水器处宜设置专用供电电源装置
			学生宿舍居室用电宜设置电能计量装置。电能计量装置宜设置在居室外，并应设置可同时断开相线和中性线的电器装置
			中小学校的电源插座回路、电开水器电源、室外照明电源均应设置剩余电流动作保护器
		人工照明	教学用房照明线路支路的控制范围不宜过大，以 2~3 个教室为宜
			教室黑板应设专用黑板照明灯具，其最低维持平均照度应为 500lx，黑板面上的照度最低均匀度宜为 0.7。黑板灯具不得对学生和教师产生直接眩光
			教室应采用高效率的专用教室灯具，不得采用裸灯。灯具悬挂高度距桌面的距离不应低于 1.70m，灯管应采用长轴垂直于黑板的方向布置。有条件时，宜选用无眩光灯具
	建筑智能化	使用方需求	智能化系统数量、类型应符合使用方需求
		安防	校园安防系统应符合当地技防办（公安局）的要求
		消防	校园广播系统应具备消防广播接口或功能，并明确两者间的关系
			门禁系统应该具备消防联动接口
		室外通信	室外通信管道应单独敷设，不与强电专业共用手孔井，并注意避免与其他专业室外管道的交叉碰撞
（六）技术管理	成本控制	—	项目施工图设计阶段的预算造价应控制在项目扩初阶段的概算要求内，严格控制项目成本
	项目管控	—	在项目推进的过程中，应保证主体专业设计与各专项设计、设备专业等沟通对接顺畅，及时发现项目尚存的技术难点，并迅速落实调整修改